내 집이 확 바뀌는 인테리어 아이디어

홈 스타일 인테리어 325

내 집이 확 바뀌는 인테리어 아이디어

홈 스타일 인테리어 325

X-Knowledge 지음 | **노경아** 옮김

samho MEDIA

PART 1

PART 2

CONTENTS

이상적인
평면 설계 아이디어

도쿄 도 ┃ K 씨의 집

건물구조　철근조, 지상 3층
가족구성　부부 + 부모 + 조모 + 고양이 1마리
부지면적　242㎡ (73.3평)
바닥면적　270㎡ (81.8평)
설　　계　밀리그램 스튜디오

사진 미즈타니 아야코 ┃ 글 미야자키 히로코

잡화와 골동품 장식으로
다양한 매력을 보여주는 집

발코니로 햇빛이 들어오는 3층의 식당과 주방.
바닥 난방이 들어오는 부분은 모르타르로 마
감했다. "모르타르에 금이 가면서 천천히 낡아
가는 모습을 보는 것도 즐거워요."라는 부인.

IDEA 002

마치 작품과 같은 곡선미를 보여 주는 나선계단

매력적인 곡선을 그리는 나선계단. 천창의 빛이 음영을 드리운다. 할머니의 부담을 고려하여 1층 천장 높이를 낮춘 덕분인지 2층에 금세 도착하는 느낌이다.

IDEA 003

이동마저 즐거운 ㄷ자 형태의 설계

2층에서 계단을 올라 오른쪽으로 돌면 침실이 나타난다. "공간 전체가 들여다보이지 않는 게 재미있어요. 이동하면서 기분이 전환되는 것도 괜찮고요."라는 부인.

소재와 부속품을 엄선하여 꿈꾸던 인테리어를 실현한 공간

흰색 타일이 돋보이는 목제 주방, 천창의 빛이 쏟아지는 계단……. K 씨의 집에는 구석구석에 인테리어 잡지에서 튀어나온 듯한 공간이 펼쳐져 있다.

"남편도 저도 집에서 지내는 걸 좋아해요. 그래서 쾌적한 공간을 만들기 위해 해야 할 일이 많았죠. 집 짓기를 의뢰할 때는 건축가인 우쓰미 씨에게 해외여행 때 찍어 온 사진을 보여 주면서 원하는 이미지를 열심히 설명했어요."

이렇게 말하는 부인은 인테리어 숍에서 일했던 적도 있어서 잡화와 가구를 무척 좋아한다. 집은 부모님과 할머니가 함께 거주할 예정이라 다세대 주택으로 짓기로 했다. 부인은 '그동안 사들인 것들이 잘 어울리는 집'을 목표로 하여 집 짓기에 솔선하여 나섰다. 역에서 가까운 조건 좋은 부지라서 주택이 밀집되어 있고 주위에 높은 건물도 꽤 있다. 그래서 사생활을 지키며 채광과 통풍을 확보할 수 있도록 건물을 ㄷ자 형태로 배치했다. 그리고 건물은 3세대의 생활 리듬이 각자 다른 것을 고려하여 3층까지 올리기로 했다.

낡은 창호와 액자가 만들어낸
따스하고 기분 좋은 분위기

IDEA
004

기능성과 우아함을 겸비한 목제 주방

흰색 타일과 잘 어울리는 주방의 목제 가구는 인테리어 숍 '파일(FILE)'에서 주문제작한 것이다. 가벽을 약간 높이 세워서 거실에서 싱크대 주변이 보이지 않도록 했다.

건물의 구부러진 형태가 공간에 깊이를 더해 준다.
식당과 주방은 영국풍, 거실은 프랑스풍.
코너마다 멋지게 꾸며 놓았다.

1층에는 부모님의 침실과 영화 감상실이 있다. 2층은 부모님과 할머니가 주로 생활하는 공간으로 만들고 나머지 3층은 부부의 취향대로 꾸몄다.

이처럼 건물을 ㄷ자 형태로 만들어 보이지 않는 경계로 구분한 덕분에 모두가 편안하게 지낼 수 있는 집이 완성되었다. 잘록해진 3층 공간의 중심에는 영국풍 식당과 주방이 있다. 주방에 있으면 다용도실과 침실까지 한눈에 들어온다. 인테리어와 건물을 융합시켜 스타일리시한 생활을 실현한 집이다.

IDEA 005 사랑스러운 소품들로 완성한 호텔 분위기의 세면실

IDEA 006 스위치와 콘센트 플레이트는 모두 수입제품

IDEA 007 공통적으로 흰색 타일을 사용한 주방과 욕실

IDEA 008 교실을 연상시키는 침실

IDEA 005 화장용 확대경을 단 세련된 세면실. 세면대는 목재로 바탕을 만든 뒤 표면을 모르타르로 덮었다. 세면대는 심플한 의료용을 사용했다.

IDEA 006 3층의 스위치와 콘센트 플레이트는 접지가 필요한 부분만 빼고 모두 미국제. 둥그스름한 사각형이 인테리어에 잘 어울린다. 부인이 오사카의 'R. C. Company'에서 주문한 것들이다.

IDEA 007 세면실 안쪽의 화장실. 3층의 주방, 세면실, 화장실에는 공통적으로 흰색 타일을 썼다. 다만 주방 벽은 줄눈 없이, 세면실은 회색 줄눈으로, 화장실은 흰색 줄눈으로 구분하여 각기 다른 인상을 주었다.

IDEA 008 졸참나무 모자이크 마루와 파란색 벽의 대비가 인상적인 침실은 옛날 교실을 연상시킨다. 옷장 문으로는 낡은 창호에 철판을 덧대어 리폼한 것을 사용했다.

IDEA
009

병과 소쿠리를 젖은 채로
보관할 수 있는 서랍

IDEA
011

사용 빈도에 따라
도구와 식기를
수납한다

IDEA
010

다양하게 쓸 수 있는
만능 다용도실

IDEA 009 주방에서도 부인이 특히 신경 쓴 곳은 싱크대 왼쪽 아래의 슬라이드 서랍. "조리할 때 병과
소쿠리를 많이 쓰는데, 이렇게 해 놓으면 씻자마자 젖은 채로 철망 바구니에 보관할 수 있어 편리해요."

IDEA 010 목제 문 맞은편에는 다용도실이 있다. 해가 잘 들어서 남편과 휴일 아침식사를 여기서 즐기
기도 한다. 접이식 건조대를 펼치면 금세 빨래건조실로 변신한다.

IDEA 011 시야가 가려져 답답한 느낌이 들지 않도록 벽에만 수납장을 설치했다. 부인의 눈높이에는 평
소에 자주 쓰는 다기 세트를 수납했다. 깊이도 그다지 깊지 않아서 물건을 넣고 빼기 편하다.

IDEA 012

유럽의 주택가를 연상시키는 외관

콘크리트 블록을 아무렇게나 깔아놓은 현관. 원래 정면의 벽은 완전히 막혀 있었지만 통풍과 개방감을 고려하여 벽면 일부를 없앴다. 덕분에 더욱 분위기 있는 외관이 완성되었다.

IDEA 013

개구부가 없어서 어둑한 계단 홀

약간은 어두운 듯한 계단 홀, 그리고 그와 대조적으로 빛이 넘치는 3층의 모습. 계단 홀은 바닥에 융단을 깔아서 걸터앉아 쉬고 싶은 아늑한 분위기로 만들었다. 심플한 디자인의 조명은 우쓰미 씨의 오리지널 제품.

1F

- 주차장
- 창고
- 현관
- 영화 감상실 16.5㎡
- 취미실 5㎡
- 침실 14㎡
- 수납공간

0.5m 1m 2m

N

2F

- 거실·식당 19㎡
- 주방 5.8㎡
- 냉장고
- 발코니
- 세탁기 세탁기
- 방 9.9㎡
- 방 9.9㎡
- 수납공간

IDEA 014

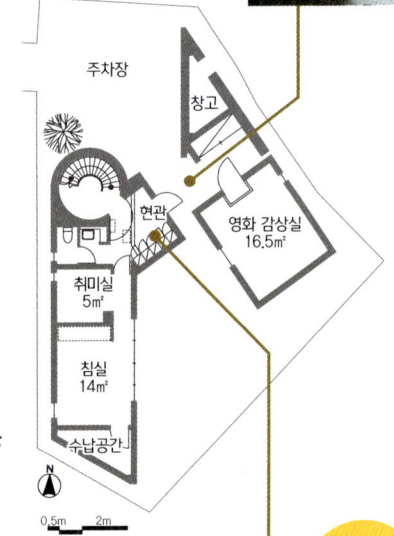

현관은 널찍한 배리어프리 공간

계단 홀과 일체인 현관은 공간이 널찍하다. 또 바닥은 장애물이나 턱이 없이 완전히 평평한 배리어프리 환경이다. 현관에 설치된 목제 신발장은 주방가구와 함께 '파일(FILE)'에서 주문제작한 것.

IDEA 015

아웃도어 활동을 즐길 수 있는 넓은 발코니

3층이지만 발코니 공간이 충분해서 원예나 바비큐 파티를 즐기는 등 다양하게 이용할 수 있다. 데크는 '이케아(IKEA)'에서 사온 부품을 직접 조립한 것.

IDEA
016

식탁 주변에
전통 식기를 수납

식당의 찬장에는 유리잔과 전통 식기가 빼곡히 들어 있다. "도치기 현 마시코에서 1년에 두 번 열리는 도기 시장에 가서 사온 것들이에요. 그때마다 여행하는 기분이 들어서 참 좋아요."

IDEA
017

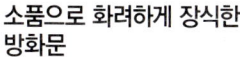

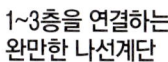

소품으로 화려하게 장식한
방화문

부지가 방화 지역에 있어서 방화문을 꼭 설치해야 했다. 다행히 전체가 철판이라서 말린 꽃이나 패브릭 등 문을 여닫는 데 방해되지 않는 작은 소품을 자석으로 고정할 수 있다.

IDEA
018

1~3층을 연결하는
완만한 나선계단

나선계단은 3세대를 연결하는 공용 공간이다. "직각으로 구부러진 계단과는 달리, 나선계단은 눈앞에 목표가 보여서 오르내리기가 훨씬 수월해요."라는 부인.

냉장고

거실 · 주방 · 식당
31.4㎡

발코니

다용도실
5.8㎡

침실
16.5㎡

수납공간

3F

건축가 정보

밀리그램 스튜디오
도쿄도 오타구 구가하라 4-2-17
Tel : 03-5700-8155　Fax : 03-5700-8156
Email : info@milligram.ne.jp
URL : http://www.milligram.ne.jp

건축가 프로필

우쓰미 도모유키
1963년 이바라키 현 출생. 영국왕립예술대학, 쓰쿠바대학 대학원 석사과정 수료. 다이세이 건설 설계 본부를 거쳐 1998년 밀리그램 스튜디오 설립.

건축 개요

소재지 도쿄 도
가족 구성 부부 + 부모 + 조모 + 고양이 1마리
구조 및 규모 철근조, 지상 3층

부지면적 242㎡(73.3평)
바닥면적 270㎡(81.8평)
1층 바닥면적 92㎡(27.9평)
2층 바닥면적 85㎡(25.8평)
3층 바닥면적 85㎡(25.8평)
옥상 바닥면적 8㎡(2.4평)

용도지역 제1종 주거전용지역
건폐율 38%(허용 70%)
용적률 108%(허용 181%)

설계기간 2010년 8월 ~ 2011년 4월
공사기간 2011년 5월 ~ 2011년 12월
시공 가와즈 건설

마감 & 주요 설비

외부 마감
지붕 시트 방수
외벽 기포콘크리트(ALC) 위에 아크릴수지 도장
　　　일부 낙엽송 패널

내부 마감 3층 거실
바닥 떡갈나무 마루(헤링본 패턴)
벽, 천장 에멀션 페인트(EP)

식당 · 주방
바닥 모르타르 위에 방진(먼지 방지) 도장
벽 에멀션 페인트, 일부 타일
천장 에멀션 페인트 도장

주요 설비기기 제조사
주방가구 제작 파일(FILE)
주방 설비기기 도쿄가스, H&H Japan
위생기기 세라 트레이딩(CERA TRADING)
　　　　　토토(TOTO)
　　　　　파나소닉(Panasonic)
조명기구 르 클린트(Le Klint)
바닥난방 시스템 도쿄가스

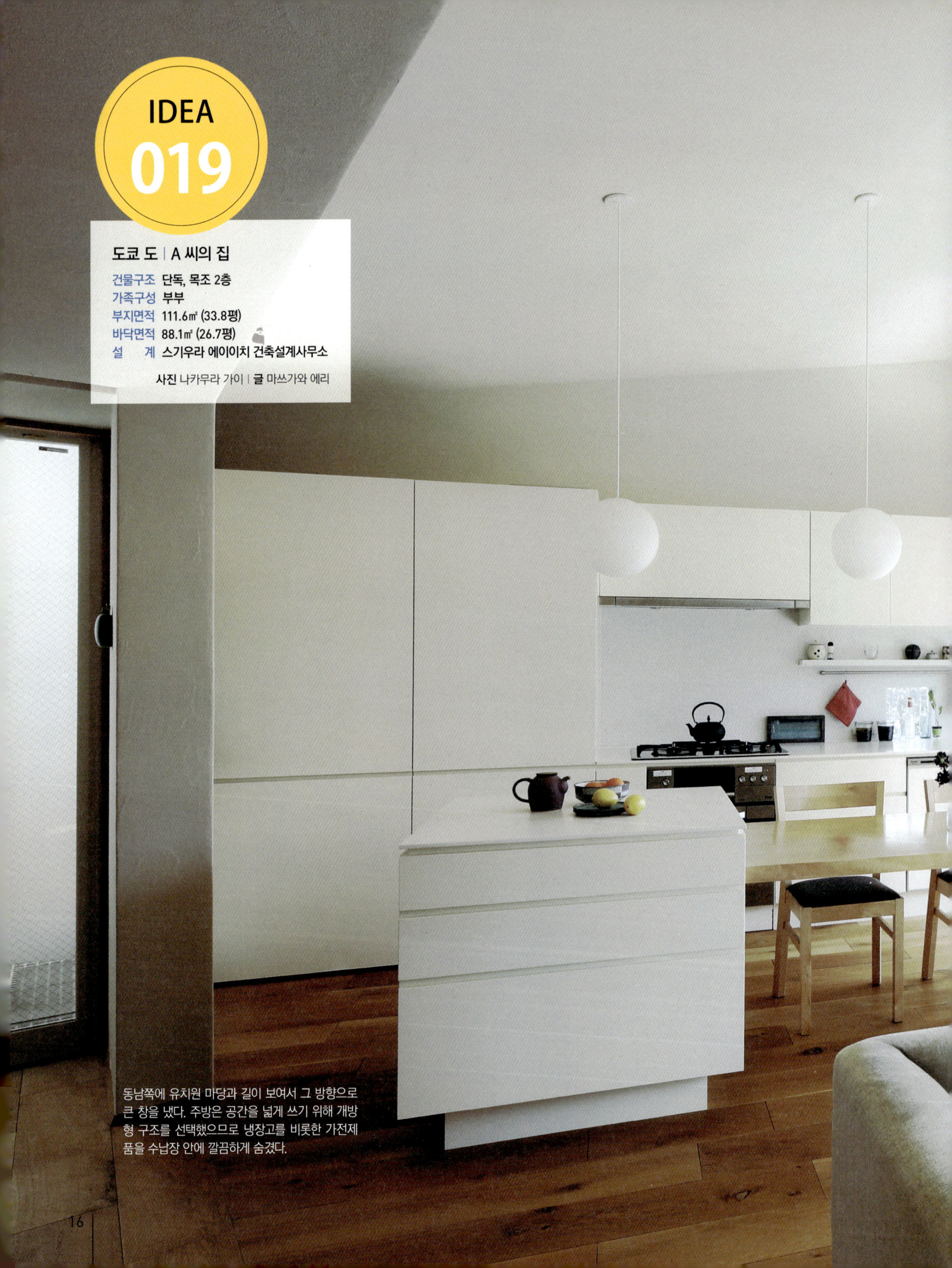

IDEA 019

도쿄 도 | A 씨의 집

건물구조 단독, 목조 2층
가족구성 부부
부지면적 111.6㎡ (33.8평)
바닥면적 88.1㎡ (26.7평)
설　　계 스기우라 에이이치 건축설계사무소

사진 나카무라 가이 | 글 마쓰가와 에리

동남쪽에 유치원 마당과 길이 보여서 그 방향으로 큰 창을 냈다. 주방은 공간을 넓게 쓰기 위해 개방형 구조를 선택했으므로 냉장고를 비롯한 가전제품을 수납장 안에 깔끔하게 숨겼다.

푸르른 차경을 만끽할 수 있는
큰 창이 있는 집

**큰 창으로
풍성한 자연을 만끽한다**

마치 공원 안에 있는 듯 풍성한
자연을 느낄 수 있는 커다란 창은
이중유리의 고정창이고 그 양쪽
에 작은 통풍용 창이 있다. 에어컨
도 벽 속에 매립되어 있어 눈에 띄
지 않는다. 마음에 쏙 드는 소파
는 '블루 퀸스(Blue Quince)'에서
주문제작한 것.

내 집에서 자연을 보며 치유 받는 기쁨

벽면을 가득 채운 유리창으로 유치원의 마당, 공원, 강가의 산책로가 보인다. "전
에는 여기에 할아버지의 집이 있었어요. 하지만 숲이 우거진 동남쪽에 창이 없어서
환경이 이렇게 좋은 줄 몰랐어요."라는 부인. "그때는 강이 가까워 침수 위험이 크고
송전선 때문에 높이 제한이 있는 등 안 좋은 이미지만 강했어요. 그래서 전문가의 힘
을 빌리는 게 낫겠다 싶어 스기우라 씨에게 설계를 의뢰했죠."

부지는 북쪽이 비스듬히 잘려서 일그러진 사각형 형태를 띠고 있다. 부지 전체를
건물로 채울 수 없는데다 높이 제한도 있어서 설계 조건은 까다로운 편이었다. 그래

창밖으로는 녹지가 보이고
실내는 단정하게 정돈된
편안한 휴식 공간

서 방과 거실, 식당, 주방 등의 주요 공간을 북쪽의 비스듬한 선을 따라 배치해 강변 산책로와 커다란 벚나무를 정면
으로 바라보게 했다. 1층에서는 방을 사각형으로 만들고 나니 삼각형과 사다리꼴 공간이 생겼지만, 다행히 그것을 수
납장과 외부 공간으로 절묘하게 처리할 수 있었다. 이렇게 만들어진 데크와 테라스, 배스 코트 등 실내와 야외의 중간
영역은 집 전체에 깊이감과 여유로움을 더한다.

　이사한 뒤로 귀가 시간이 더 기다려진다는 남편. "쉬는 날에는 거실에 멍하니 앉아 밖을 바라봅니다. 나무에 모여드
는 새를 관찰하는 것이 재미있어서 모이통도 만들어 놨죠." 실내의 관엽식물도 점점 늘어나는 중이다. 치유의 공간을
알차게 꾸미는 것이 무척 즐겁다.

IDEA 021

취미로 만든 비누를 장식품처럼

부인의 취미는 천연소재로 비누 만들기. 그렇게 만든 비누를 유리 장식장에 예쁘게 진열했다.

IDEA 022

거실과 하나가 된 아틀리에

'남편이 작업실에 틀어박히지 않게 해 달라'는 부인의 요청으로 거실 가까이에 남편의 아틀리에를 배치했다. 아틀리에의 문을 벽면 수납장과 똑같은 디자인으로 만들어 단정한 통일감이 느껴지도록 했다.

IDEA 023

거실 벽과 하나가 된 화장실 문

거실 근처의 화장실은 되도록 존재감을 지우는 것이 좋다. 그래서 수납장과 똑같은 소재인 곧은결 졸참나무 화장합판으로 제작한 문을 달아 전체 인테리어와의 조화를 꾀했다.

IDEA 024

'숨기기'와 '보여주기'가
적절히 융합된 주방

거실에서 훤히 보이는 개방형 주방에서는 '숨기는 수납법'이 기본적으로 활용된다. 벽면의 선반에는 자주 쓰는 물건과 예쁜 소품만 엄선하여 올려두었다.

IDEA 025

카운터 하부도
대용량 수납장으로

주방의 아일랜드 카운터는 원래 있던 테이블을 재활용하여 제작한 것. 서랍 깊이가 최대 40cm로 깊지 않아서 맨 안쪽까지 알뜰하게 쓸 수 있고 자잘한 물건을 정리하기 편리하다.

IDEA 026

보기 싫은 가전제품은
숨기는 수납으로

평소에는 오븐토스터와 전기밥솥을 서랍식 선반 속에 넣어둔다. 필요할 때마다 꺼내 쓸 수 있어서 서랍 안에 열이나 증기가 고일 염려는 없다.

IDEA 027

눈에 거슬리는 물건은 문 안으로

냉장고와 식기장 문을 닫으면 주방이 깔끔해진다. 앞으로 살짝 당기기만 해도 열리는 이 특수 미닫이를 닫으면 수납장 전체가 한 장의 평면이 되기 때문이다. 환기팬과 덕트도 이 문 뒤에 숨어 있다.

IDEA 029

신발과 우산을 넉넉히 수납하는 슈즈룸

복도와 단차 없이 이어진 현관은 언제나 깔끔하게 유지되는 것이 좋다. 그래서 건물의 변형된 부분에 슈즈룸을 설치했다. 여기에 이것저것 많이 수납할 수 있어서 현관이 언제나 깔끔하다.

IDEA 028

복도, 세면실, 욕실이 하나로

미닫이를 열면 현관에서 시작된 공간이 욕실과 배스 코트까지 일직선으로 이어진다. 욕실에도 복도 바닥의 타일과 비슷한 타일을 붙여 두 공간의 일체감을 강화했다.

IDEA 031

IDEA 030

안심하고 개방감을 누릴 수 있는 배스 코트

욕실 앞에는 작은 배스 코트를 만들었다. 높은 담이 외부 시선을 막아 주는 덕분에 입욕할 때도 블라인드를 걷고 정원과 하늘을 바라볼 수 있다.

침실은 내부 장식을 심플하게

침실을 아주 단순하게 마무리하고 그 바로 옆에 널찍한 드레스룸을 설치했다. 2층의 벽에는 규조토를 썼지만, 1층 벽에는 비용을 절감하기 위해 천연소재의 벽지를 썼다.

1F

욕실 · 세탁기 · 세면실 · 현관 · 배스 코트 · 수납장 · 슈즈룸 · 벽장 · W.I.C · 아이 방 9.1㎡ · 침실 9.1㎡

0.5m 1m 2m

IDEA 032

골조 계단으로 현관을 밝고 여유롭게

벽에 철판을 고정시켜 만든 골조 계단은 디딤판만 허공에 떠 있는 구조라서 위층의 빛을 1층까지 전달한다. 디딤판 위에는 두툼한 고무판을 붙여 철판 특유의 차가운 느낌을 완화했다.

2F

아틀리에 3.3㎡
테라스
데크
거실·주방·식당 33㎡
냉장고

IDEA 033

벚나무가 보이는 테라스

집 바로 옆에 큰 벚나무가 있어서 꽃이 필 때는 경치가 무척 좋다. 이 테라스는 그때를 위해 만든 것이다. 여기서 꽃과 식물, 단풍 등 계절마다 다른 아름다움을 만끽할 수 있다.

IDEA 034

조리까지 즐길 수 있는 장작난로

건축가의 제안으로 심플한 인테리어와 잘 어울리는 '스캔(SCAN)'의 북유럽풍 장작난로를 설치했다. 장작난로로 난방 효율을 높일 뿐만 아니라 조리를 즐기기도 하고 불꽃의 치유 효과를 누릴 수도 있어 만족스럽다.

건축가 정보

스기우라 에이이치 건축설계사무소
도쿄도 주오구 긴자 1-28-16-2F
Tel : 03-3562-0309 Fax : 03-3562-0204
Email : info@sugiura-arch.co.jp
URL : http://www.sugiura-arch.co.jp

건축가 프로필
• 스기우라 미치
1957년생. 2013년부터 스기우라 에이이치 건축설계사무소 대표.

건축 개요

소재지 도쿄 도
가족 구성 부부
구조 및 규모 목조 2층

부지면적 111.6㎡(33.8평)
바닥면적 88.1㎡(26.7평)
1층 바닥면적 44.5㎡(13.5평)
2층 바닥면적 43.6㎡(13.2평)

용도지역 제1종 저층주거 전용지역
건폐율 40%
용적률 80%

설계기간 2010년 3월 ~ 2010년 12월
공사기간 2011년 2월 ~ 2011년 10월
시공 혼마건설 주식회사
공사비 3,340만 엔

마감 & 주요 설비

외부 마감
지붕 갈바륨 강판
외벽 졸리패트 분사

내부 마감
거실·주방·식당 바닥 졸참나무 원목마루
벽, 천장 규조토

현관 및 욕실
벽, 천장 규조토
바닥 타일

침실
벽, 천장 규조토 벽지
바닥 졸참나무 원목마루

주요 설비기기 제조사
주방 설비기기 린나이(Rinnai)
　　　　　　　세라 트레이딩(CERA TRADING)
욕실, 위생기기 티폼(T-form)
조명기구 우시노 스팍스(Ushio Spax)
장작난로 스캔(SCAN)

IDEA 035

도쿄 도 | S 씨의 집

건물구조 단독, 철근콘트리트조 3층
가족구성 부부 + 자녀 2명 + 개 2마리
부지면적 282.4㎡ (85.6평)
바닥면적 366.1㎡ (111평)
설   계 아시자와 게이지 건축설계사무소

사진 나카무라 가이 | 글 미야자키 히로코

생활하며 손질하여 더욱 애착이 가는 집

　천장에 격자 모양의 장식이 들어간 콘크리트 건물. 정원 쪽으로 크게 열린 L자형 거실·주방에 군데군데 장식된 골동품이 실내에 풍부한 표정을 더한다.

　자연을 실내로 끌어들인 이 쾌적한 공간은 미국인인 S 씨와 일본인 부인, 두 명의 딸과 애견 두 마리가 생활하는 거실이다. 부부는 건축가에게 '교토에 있는 유명 사찰의 마당이 연상되는 집을 지어 달라'고 부탁했다.

　"주방에서 정원을 바라보는 게 가장 큰 소원이었어요. 우리는 거의 모든 시간을 집, 그것도 주방 근처에서 보내기 때문에 카운터 바로 옆에 가족 공간을 만들어야 했고요."라는 부인.

　아시자와 씨는 도심의 주택가라는 입지 조건을 고려하여 하나의 설계를 제안했다. 바로 모든 층에 정원을 두어 모

고전적인 정원이 손님을 반기는,
빛과 식물로 가득한 집

'천장 콘크리트를 노출시키면 소리가 울리지 않을까' 하는 것이 부부의 걱정이었다. 그래서 천장 콘크리트에 물결 모양의 틀을 찍어서 요철을 만들어냈다.

든 공간이 외부와 이어지도록 한, 여유롭고도 섬세한 설계다.

그래서 건물을 북동쪽으로 붙이고 남서쪽에 길쭉한 정원을 만들었다. 덕분에 특별히 주문제작한 목제 새시를 열어젖히면 정원과 실내가 하나가 된다.

높이가 5.6m를 넘는 아트리움이 있는 거실에서 벽면의 예술품을 감상하며 한 바퀴 돌면, 발걸음이 저절로 침실과 손님방이 있는 2층으로 향한다. 이끼 언덕이 있는 안뜰은 아래층과 2층으로 밝은 빛을 전달한다. 아이들 방과 욕실이 있는 3층은 데크와 옥상 발코니까지 하나로 이어져 있어 공간 전체에 개방감이 넘친다.

"예술품을 새로 장식하고 싶은데요.", "이런 가구는 어떨까요?" 지금도 부부는 아시자와 씨에게 이런 상담을 한다.

온 가족이 애착을 갖고 직접 손질하며 생활하는 집. 다양한 즐거움을 가져다주는 집 만들기는 아직도 진행 중이다.

IDEA
036

온 가족이 함께 쉬며
정원의 식물을 바라보는 집

데크에서 취사를 하면서도 정원의 식물을 감상할
수 있는 구조다. 정원 한쪽에는 시원한 소리를 내는
스이킨쿠쓰(수금굴水琴窟이라 하며, 물이 떨어지는 소
리를 감상하는 일본의 정원 장식)까지 만들어 놓았다.
"친구들은 가끔 집이 료칸 같다며 놀란답니다(웃
음)."라는 부인.

IDEA 037

드넓은 하늘과
도시의 풍경을 만끽하는 옥상

옥상 발코니에는 옥외용 가구를 두었다. "파티를 할 때는 에피타이저를 여기로 가져와 풍경을 감상하며 먹기도 해요."라는 부인. 이 발코니에서는 도시의 빌딩숲을 조망할 수 있다.

IDEA 038

이끼 언덕이 있는 안뜰에 면한
두 개의 침실

2층 이끼 정원에 인접한 침실. 원래 맞은편 방은 체력단련실로 쓸 예정이었지만 손님들이 쾌적하게 지냈으면 좋겠다는 남편의 의견으로 나중에 손님방으로 바꾸었다.

나무, 옻칠, 콘크리트 ….
소재의 연속성이 만들어 낸
고급스러운 공간

IDEA
039

옻칠한 미닫이로 구분한 공간

준공 당시에는 현관과 거실·식당 사이에 문
이 없었다고 한다. 그러나 입주한 후 손님이
오셨을 때 거실이 훤히 들여다보이지 않는
게 좋을 것 같아 옻칠한 붉은 미닫이를 새로
달게 되었다.

IDEA 040

주방에 마련한 애견의 식사 공간

흰 벽처럼 평평한 주방 수납장 안에 애견의
식탁이 숨어 있다. 슬라이드 테이블을 꺼내면
거기에 물그릇과 밥그릇이 딱 들어맞는다.

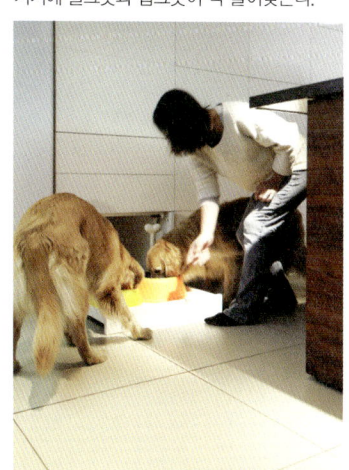

IDEA 041

파티 때마다 활약하는
널찍한 주방

부인의 요청으로 L자형 주방에
아일랜드 카운터를 설치하고 수
납장도 넉넉히 짜 넣었다. 가스
레인지와 함께 칠면조도 통째로
구울 수 있는 대형 가스오븐을
붙박이로 설치했다.

IDEA 042

목제 부조로 장식한 문

손님방 입구에 설치된 수납장 문에 문양이 새겨진 두꺼운 목제 부조를 끼워 넣었다. 온 가족이 아프리카로 여행 갔을 때 모로코에서 산 작품이라고 한다.

IDEA 043

예술품을 즐기며 이동하는 계단

2층에도 안뜰을 만들어서 거실에 충분한 빛을 끌어들이고 시선을 여러 방향으로 연장시켜 개방감이 느껴지도록 했다. 계단참은 거실 벽면의 예술품을 정면에서 감상할 수 있도록 길게 만들었다.

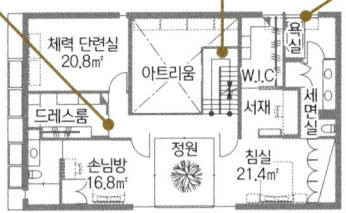

2F

체력 단련실 20.8㎡
아트리움
W.I.C
서재
욕실
세면실
드레스룸
손님방 16.8㎡
정원
침실 21.4㎡

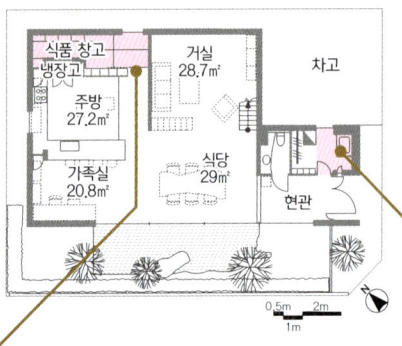

1F

식품 창고
냉장고
거실 28.7㎡
차고
주방 27.2㎡
가족실 20.8㎡
식당 29㎡
현관

0.5m 2m
1m

IDEA 044

현관 옆에는 강아지 목욕탕을

슈즈룸 한쪽에는 애견을 씻기는 강아지 목욕탕이 있다. 원래 사람용으로 만들어진 작은 욕조지만 낮은 부분에 발판을 깔아서 높이를 조절했다.

IDEA 045

식품 창고와 주방은 고가구로 분리

주방 안쪽은 드럼세탁기와 건조기가 있는 다용도실 겸 식품 창고다. 문은 예전 집에서 테이블 상판으로 썼던 고재(古材)를 재활용해서 만들었다.

IDEA 046

**설비가 잘 갖추어진
침실 옆 욕실**

침실에 세면실과 욕실을 연결하여
동선을 효율화했다. 욕실에는 벽면
용 전기히터와 바닥난방이 완비되어
있어 겨울에도 쾌적하게 입욕할 수
있다. 천창이 있어 채광도 충분하다.

건축가 정보

아시자와 게이지 건축설계사무소

도쿄도 분쿄구 고이시카와 2-17-15 1층
Tel : 03-5689-5597 Fax : 03-5689-5598
E-mail : info@keijidesign.com
URL : http://www.keijidesign.com/

건축가 프로필

• 아시자와 게이지
1973년 도쿄 도 출생. 설계사무소, 철물공방을 거쳐
2005년 아시자와 게이지 건축설계사무소 설립.

건축 개요

소재지 도쿄 도
가족 구성 부부 + 자녀 2명 + 개 2마리
구조 및 규모 철근콘크리트구조, 지상 3층 + 옥상

부지면적 282.4㎡(85.6평)
바닥면적 366.1㎡(111평)
1층 바닥면적 165.3㎡(50.1평, 차고 포함)
2층 바닥면적 123.9㎡(37.6평)
3층 바닥면적 76.9㎡(23.3평)

용도지역 제1종 저층주거 전용지역
건폐율 59.9%(허용 60%)
용적률 121.04%(허용 150%)

설계기간 2009년 7월 ~ 2010년 3월
공사기간 2010년 3월 ~ 2011년 1월
시공 (주)마쓰모토 코퍼레이션

마감 & 주요 설비

외부 마감

지붕 시멘트계 외단열 패널, 스테인리스 강판
외벽 시멘트계 외단열 패널, 이페나무 쪽매붙임
　　　먹 + 모르타르 흙손

내부 마감

거실·주방·식당
　바닥 검은 호두나무 마루
　벽 회반죽
　천장 화장형틀 노출 콘크리트

주요 설비기기 제조사

주방가구 제작 플롯(Plots)
주방기기 아스코(AESCO)
　　　　　가게나우(GAGGENAU), 바이킹(Viking)
위생기기 잭슨(Jaxson), 토토(TOTO)
　　　　　한스그로헤(Hansgrohe)
조명기구 고이즈미(KOIZUMI), 다이코(DAIKO)
바닥난방 시스템 도쿄가스

ROOF

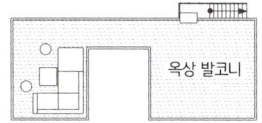

옥상 발코니

3F

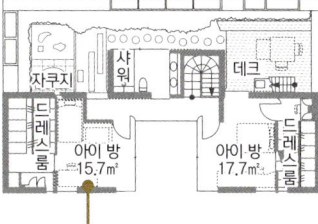

자쿠지　샤워　데크
드레스룸　아이 방 15.7㎡　아이 방 17.7㎡　드레스룸

IDEA 047

좋아하는 인테리어로 가득한 아이 방

미국에서 대학을 다니는 작은 딸의 방은 독특한
융단과 오렌지색 소파 덕분에 모던한 인상을 풍
긴다. 벽면에는 벨기에 회사 '모듈라(Modular)'의
매립식 LED 조명이 설치되어 있다.

가나가와 현 | K 씨의 집

건물구조 단독, 목조 2층
가족구성 부부
부지면적 170㎡ (51.5평)
바닥면적 145.8㎡ (44.1평)
설   계 히코네 안드레아
히코네 건축설계사무소

사진 나카무라 가이 | 글 마쓰가와 에리

조망 좋은 거실에서
화목한 부부 생활을 누리는 집

3층의 거실. 왼쪽에는 넓은 옥상 테라스가 있
어서 후지산까지 조망할 수 있는 집이다. 출
입창을 모두 개방하면 실내외가 하나가 된다.

내추럴한 인테리어와
탁 트인 풍경에 둘러싸인 나날

두 사람의 시간을 소중히 하며 매일 알차게 살아가는 집

아이들이 독립하여 둘이 오붓하게 살 집이 필요했던 K 씨 부부. 이들은 노후를 보낼 새 집의 부지를 리조트 분위기가 물씬한 쇼난 지역으로 결정했다.

부인은 설계 도중에 일어난 동일본 대지진 때문에 집에 대한 기준을 확 바꾸었다고 한다. "저도 남편도 편의성보다 미관을 우선하는 편이었지만, 집은 목숨을 지켜주는 안전함이 가장 중요하다는 사실을 알게 됐어요." 지진에서 얻은 교훈에 따라 모든 수납장은 붙박이로 만들었다. 또 쾌적함과 에너지 효율을 향상시키기 위해 건물의 단열 사양을 높였고 모든 창에 단열 성능이 뛰어난 삼중새시를 적용했다. 난방 시스템으로는 건물의 토대 부분에 열을 저장하는 '서모 슬래브(thermo slab)' 방식을 도입했다. 또 옥상에는 5kw 용량의 태양광 패널을 설치했다.

물론 거실과 식당, 주방은 후지산 조망이 가능한 맨 위층에 배치했다. 예전 집의 주방은 하나의 커다란 방 형태였지

만 지금은 거실, 식당과 원룸 형태로 구성되어 있다. "이제 손님을 접대하기보다 둘만 있는 시간이 길어질 거라고 생각했어요. 그러면 거실과 식당이 한데 있는 게 좋겠죠. 식당에 앉아 바깥 풍경을 바라보고 싶다는 소원을 이뤄서 요즘 매일 기분이 좋아요."라는 부인.

아래위층이 단절되기 쉬운 3층 건물이지만, 건물 중앙을 관통하는 계단 홀이 다른 층에 있는 가족들의 기척을 전달해 준다. 2층은 침실 출입구가 두 곳이고 침실과 욕실이 단차 없이 연결되기 때문에 동선이 무척 효율적이라고 한다.

이 집의 설계자인 히코네 안드레아 씨는 "두 분이 쾌적한 집을 희망하여 일부러 이 지역을 골랐다는 이야기를 듣고 여유로운 느낌을 선호하실 거라고 생각했습니다."라고 말한다. "배리어프리 환경은 기본이죠. 부부가 기분 좋게 지내는 게 가장 중요하니까요. 그래서 모든 공간에 조금씩 여유를 두어서 널찍한 느낌의 집으로 완성했습니다."

1~3층을 연결하는 계단실의 아트리움

계단실의 아트리움은 상하층을 연결하는 역할을 한다. 덕분에 시시각각 달라지는 바람과 빛이 온 집을 상쾌하게 맴돈다. 그뿐만 아니라 건물 토대에 열을 저장하는 방식을 적용했기 때문에 한겨울에도 널찍한 현관 봉당이 따뜻하게 유지된다.

필요할 때만 등장하는 컴퓨터 책상

IDEA 050

거실 벽면 수납장에 컴퓨터 책상을 짜 넣어서 문을 닫으면 컴퓨터가 감쪽같이 사라지도록 했다. 에어컨 역시 상부의 격자 안에 숨겨져 있어 거실이 항상 깔끔하다.

쾌적한 온열 환경에 가장 큰 영향을 미치는 새시

IDEA 051

큰 유리창에는 열 손실을 최소화하기 위해 삼중유리를 적용했다. 날씨가 좋아 실내외를 하나로 통합하고 싶을 때는 출입창을 모두 열어젖힌다.

최고의 편의성을 자랑하는 벤치 형태의 신발장

IDEA 052

벤치 형태의 신발장은 이 집을 위해 특별히 제작한 오리지널 제품. 서랍식이어서 안쪽 공간까지 알차게 활용할 수 있고 물건을 꺼내기도 편리하다.

손님을 위한 침실

IDEA 053

1층에는 독립한 자녀들이 방문할 때를 위한 침실이 있다. 모르타르 바닥 위에는 러그를 깔아 아늑한 분위기를 냈다. 부인도 이곳을 무척 좋아한다고.

집을 더욱 널찍하고 여유롭게 만드는 옥상 테라스

IDEA 054

후지산까지 조망할 수 있는 최고의 환경을 갖춘 옥상 테라스. 이곳은 제2의 거실과 식당으로 활약한다. 지붕 위에는 5kw 용량의 태양광 패널이 설치되어 있다.

계단을 중심축으로 한 회유동선

IDEA 055

2층에는 건물 중앙의 계단 홀을 빙그르르 도는 회유동선이 적용되어 있다. 복도 폭을 1.2m로 넓히고 회유동선을 적용함으로써 넓은 공간도 수월하게 이동할 수 있도록 했다.

IDEA 056

갤러리 같은 현관홀

1층 바닥 전체에 모르타르를 깔아 봉당으로 사용하도록 했다. 현관은 평소에 아끼던 커다란 장식장을 두기로 상정하고 설계했다. 이 장식장에 취미로 모은 도기를 진열했더니 현관이 갤러리처럼 보인다.

출입구가 둘이라서 편리한 침실

IDEA 057

침실은 면적에 여유가 있어서 출입구를 두 개 만들었다. 또 방 양쪽에 책상과 선반을 설치하여 각자 서재로 활용하도록 했다. 바닥재로는 흡습성이 뛰어난 오동나무가 쓰였다.

1F

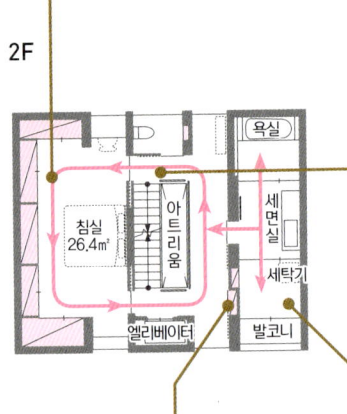

2F

IDEA 058

바닷바람으로부터 자동차를 보호하는 차고

바닷바람에 자동차가 상하지 않도록 실내 차고를 만들었다. 차고 벽면에는 수납장을 넉넉하게 짜 넣어 야외 활용에 필요한 잡다한 물건을 수납했다.

IDEA 059

서가는 지진이 났을 때 상대적으로 안전한 복도에

서가는 복도에 만들었다. 여기라면 지진이 나서 책이 떨어져도 사람이 다칠 가능성이 낮다. 미닫이를 닫아두면 더 안심이 되고, 벽과 문이 동화되므로 보기에도 깔끔하다.

널찍하고 밝은 욕실

IDEA 060

널찍한 세면실과 직접 연결된 다용도실. 여기에는 실내에도 빨래를 널 수 있도록 건조대를 설치했다. 천장 마감재로는 습기에 강한 노송나무가 쓰였다.

IDEA 061

계단도 방의 일부로

상하층을 연결하여 서로의 기척을 느낄 수 있도록 계단이 거실과 이어지도록 했다. 덕분에 거실도 조금 더 넓어졌다.

IDEA 062

테라스까지 이어진 커다란 회유동선

3층에는 테라스까지 이어지는 커다란 회유동선이 적용되어 있다. 덕분에 좌우 어느 쪽이든 오갈 수 있어서 많은 인원을 초대해 파티를 열 때도 무척 편리하다.

3F

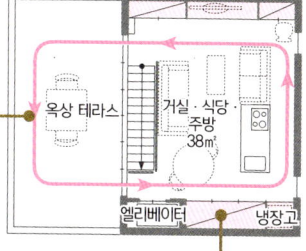

옥상 테라스 / 거실·식당·주방 38㎡ / 엘리베이터 / 냉장고

IDEA 063

미닫이로 깔끔하게 가려서 편히 쉴 수 있는 주방

주방과 거실이 일체인 개방형이라서 주방 수납장에 눈가림을 위한 미닫이를 설치했다. 심플한 공간 속에서 하나의 가구처럼 보이는 단정함이 아름답다.

건축가 정보

히코네 건축설계사무소
도쿄도 세타가야구 세이조 7-5-3
Tel : 03-5429-0333 Fax : 03-5429-0335
E-mail : aha@a-h-architects.com
URL : http://www.a-h-architects.com

건축가 프로필

• 히코네 안드레아
독일 출생. 1987년 슈투트가르트 공과대학 수석 수료. 단·아오시마 건축설계사무소, 이소자키 아라타 아틀리에를 거쳐 1990년 히코네 건축설계사무소 설립.

건축 개요

소재지 가나가와 현
가족 구성 부부
구조 및 규모 목조, 지상 3층

부지면적 170㎡(51.5평)
바닥면적 145.8㎡(44.1평, 주차장 제외)
1층 바닥면적 66.2㎡(20.1평)
2층 바닥면적 63㎡(9.1평)
3층 바닥면적 39.7㎡(12평)

용도지역 제1종 중고층주거 전용지역
건폐율 60%
용적률 200%

설계기간 2011년 2월 ~ 2011년 11월
공사기간 2011년 11월 ~ 2012년 6월
시공 와타나베 기연

마감 & 주요 설비

외부 마감
지붕 시트 방수
외벽 졸리패트 미장

내부 마감
현관
  바닥 모르타르 흙손 마감 **벽** 채프웰 **천장** 채프웰
거실·주방·식당
  바닥 소나무 원목 **벽** 채프웰 **천장** 채프웰
침실
  바닥 오동나무 원목 **벽** 채프웰 **천장** 채프웰
세면실, 욕실, 다용도실
  바닥 타일 **벽** 모자이크타일 **천장** 노송 원목

주요 설비기기 제조사
주방가구 제작 티데아
주방 설비기기 밀레(Miele), 이낙스(INAX)
욕실, 위생기기 티폼(T-form), 이낙스(INAX)
           한스그로헤(Hansgrohe)
           세라 트레이딩(CERA TRADING)
           산에이 수전
조명기구 엔도(ENDO), 고이즈미(KOIZUMI)
       오델릭(ODELIC)
       파나소닉(Panasonic)
       막스레이(MAXRAY)
블라인드 헌터더글라스(HunterDouglas)
       나닉(Nanic)

IDEA 064

도쿄 도 | 미와 씨의 집

건물구조 단독, 철근콘크리트 + 목조
지하 1층 + 지상 2층
가족구성 부부 + 자녀 2명
부지면적 108.8㎡ (33평)
바닥면적 123.7㎡ (37.5평)
설 계 니코 설계실

사진 미즈타니 아야코 | 글 마쓰바야시 히로미

인접한 녹지와의 연속성을 강조하기 위해 실내 마감
재로는 주로 나무를 썼다. 바닥은 졸참나무 원목마루.
소파는 린 로제(Ligne Roset)의 '토고(TOGO)'. 역동
적인 사선을 그리는 들보 덕분에 아름드리나무 밑에
있는 듯한 느낌을 준다.

확 트인 거실과 식당에서
계절을 만끽하는 집

우거진 숲의 경관이 식당의 분위기를 풍요롭게

IDEA 065

꼼꼼히 설계된 수납 시스템과 동선으로 개방형 거실을 깔끔하게

평상형 식당과 주방을 일체로 만들어 부부가 함께 식사와 다과를 즐기도록 했다. 식당의 벽과 천장은 모르타르로 마감했다. 간접조명을 도입하여 천장이 공중에 떠 있는 듯한 가벼운 느낌을 냈다.

도심의 조용한 주택가. 길 끝의 깃대 모양 부지에 미와 씨의 집이 있다. 부지는 2면이 지자체가 관리하는 녹지와 인접하여 도심이라고는 생각할 수 없을 만큼 풍요한 자연환경에 둘러싸여 있다. 그러나 녹지의 콘크리트 벽돌담이 지면에서 1.4m 정도 솟아올라 있어 예전 집은 1층이 어두컴컴했다. 그래서 건축가인 니시쿠보 씨는 집 전체를 담 높이만큼 높여서 지자체의 녹지를 자기 정원처럼 감상할 수 있는 설계를 제안했다. 또 거실·주방에 큰 창을 내서 녹지와의 일체감을 즐길 수 있게 했다.

　이처럼 풍성한 숲에 둘러싸인 거실과 주방, 식당을 살펴보면, 매일의 식사와 홈파티를 즐기기 위한 장치가 여기저기 눈에 띈다. 그중 하나가 주방과 마주보는 '평상형 식당'이다. 편안함을 중시하여 넉넉한 사이즈로 제작되어 성인이 여러 명 앉아도 여유롭다. 식탁과 일체화된 주방 카운터 역시 조리와 대화를 동시에 즐길 수 있어 파티에 제격이다. 허물없는 친구들을 초대하여 어른아이 할 것 없이 어울리며 떠들썩한 시간을 보내기에 안성맞춤인 곳이다.

　개방형 거실·주방·식당에 꼭 필요한 수납 시스템과 동선 계획도 빠지지 않는다. 평상 하부와 주방 벽에 수납공간이 있고 주방 안쪽에 식품 창고도 있다. 이 식품 창고는 현관홀과 직접 연결되므로 장을 봐서 들어오자마자 물건을 정리할 수 있다. "이런 후방 창고가 있어서 거실과 주방을 깔끔하게 유지하기가 수월해요."라는 부인. 가족, 친구들과의 시간을 소중히 여기는 부부에게 이보다 이상적인 집은 없을 것이다.

IDEA
067

유리 천장으로
야외 분위기를 만끽

욕실 천장에 유리를 전체적으로 사용해서 개방감을 강조했다. 밝은 햇빛 속에서 푸른 하늘을 바라보며 입욕할 수 있으니 노천 온천이 부럽지 않다.

IDEA
066

멋진 풍경을 즐길 수 있는 치유의 욕실

인근 유치원 마당의 벚꽃을 바라보며 입욕하고 싶어서 욕실을 2층에 만들었다. 남편이 제일 좋아하는 와카야마 현의 보카도 동굴 온천을 연상시키는 타일을 사용했다.

IDEA
068

빨래를 널 수 있는 2층 테라스

욕실을 둘러싸는 형태로 만들어진 2층 테라스에는 빨래도 널 수 있다. 욕실 바로 옆에 세탁기와 세면실이 있어서 가사 동선도 효율적이다. 사진 왼쪽의 계단을 올라가면 남편의 요청으로 만든 옥상이 나타난다.

IDEA
069

색감을 강조한
개성 있는 공간

2층 화장실은 남편의 요청에 따라 보라색으로 칠했다. 석영이 들어가 반짝거리는 '포터스 페인트(PORTER'S PAINTS)'의 도료를 사용했는데, 거친 질감이 독특하다. 자그마한 조명을 달았더니 개성적인 공간이 되었다.

IDEA
070

편리하고 아름다우면서
심플한 공간

세면실은 나무를 많이 사용하여 심플하게 만들었다. 분위기가 아늑하고 아름다운 곳이다. 북측 사선제한 규제 때문에 비스듬해진 천장은 구조재를 노출시켜 공간의 악센트로 삼았다.

IDEA 071

콤팩트한 동선으로 가사 스트레스를 줄인다

주방 카운터 하부의 식기세척기와 자주 쓰는 식기가 들어 있는
수납장의 거리가 98cm밖에 안 되어서 돌아보기만 하면 꺼내고
넣는 작업을 완료할 수 있다. 이처럼 원활한 가사 동선은 생활
에 큰 도움이 된다.

IDEA 072

개방형 구조에 반드시 필요한, 넉넉한 수납공간

개방형 주방을 깔끔하게 유지하기 위해 카운터에 수납장을
충실히 짜 넣고 냄비와 그릇 등을 깔끔하게 수납했다. 식품
창고도 있어서 수납공간이 넉넉하다. 길쭉한 푸른색 타일
이 주방의 악센트다.

IDEA 073

당장 따라 하고 싶은 수저류 수납법

주방과 일체화된 식탁 일부에 수저
류를 수납하는 서랍이 들어 있다. 이
것이 바로 쓸 곳에 쓸 물건을 수납하
는 적재적소 수납법이나.

IDEA 075

자유자재로 사용할 수 있는 평상형 식당

평상형 식당 중 거실 쪽 부분은 네 개의 블록으로 나뉘어
있어서 각각 이동이 가능하다. 덕분에 손님이 많이 오는
등 필요할 때마다 이동시켜서 사유롭게 사용할 수 있다.

IDEA 074

의자 밑을 활용한 똑똑한 수납

평상형 식당 하부를 수납공간으
로 활용하여 컴퓨터 용품 등 거
실에서 쓰이는 물건을 보관힌다.
수납공간이 넉넉해서 청소하기
도 편하다.

IDEA 076

바닷속을 연상시키는 색감과 질감

침실은 스쿠버다이빙을 즐기는 남편의 취향대로 바닷속처럼 꾸몄다. 천장은 진청색으로 칠하고 벽은 낙엽송 합판으로 결을 낸 콘크리트를 노출시켰다. 바닥은 졸참나무 원목마루.

IDEA 077

작은 정원을 겸한 우드 테라스

1층을 인근 녹지의 담 높이까지 올렸더니 조망이 훨씬 좋아졌다. 이 우드 테라스는 면적은 좁지만 자연 친화적인 정원으로 활약하고 있다.

B1F

침실 16m²

서재 6.6m²

0.5m 1m 2m

1F

현관
평상형 식당 7.8m²
거실 (주방 포함) 32m²
수납장
냉장고
테라스

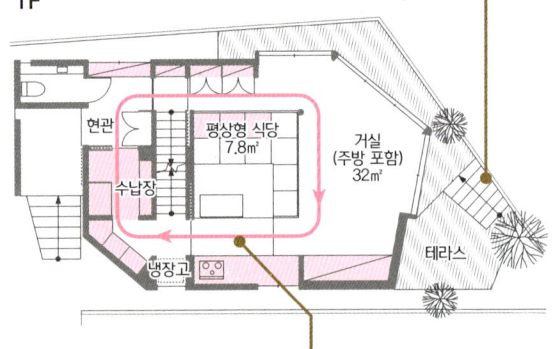

IDEA 078

취미에 몰두할 수 있는 서재

침실에 벽을 쳐서 남편을 위한 서재를 만들었다. 좁은 공간이지만 주문제작한 책상과 수납장이 알차게 들어차 있어서 무척 편리하다. 취미와 독서에 몰두하는 공간.

IDEA 079

회유동선으로 여유로움을 더하다

거실에서 현관 봉당을 바라본 모습. 1층은 현관과 거실을 회유하는 구조로 되어 있다. 이처럼 막힌 곳이 없으면 실제 면적 이상의 여유를 느낄 수 있다. 사진 왼쪽 뒤는 주방으로 이어지는 벽장과 식품 창고.

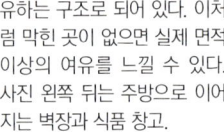

IDEA
080

복도 겸 옷장으로 효율적 공간 활용

공간을 효과적으로 활용하기 위해 복도에 옷
장을 설치해서 거기서 옷을 갈아입도록 했다.
옷장 안에는 서랍식 전신 거울을 달았다. 이
복도는 테라스와 직접 연결되므로 문을 열어
두면 습도도 조절할 수 있다.

2F

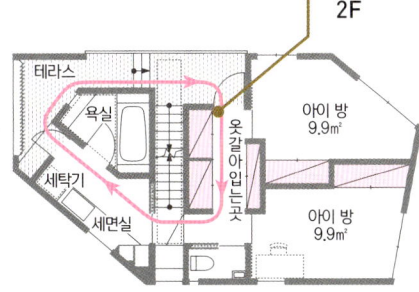

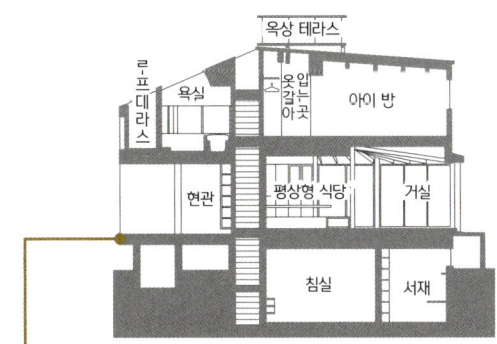

IDEA
081

1층 바닥을 높여서 확보한 녹지 조망

녹지 앞의 담 높이는 1.4m. 여기에 가려서 예전 집은
1층의 조망이 좋지 않았다. 그래서 담에 맞추어 1층
을 높여서 녹지를 정원처럼 감상하도록 했다.

건축가 정보

니코 설계실
도쿄도 스기나마구 가미오기 1-16-3 모리야 빌딩 5층
Tel & Fax : 03-3220-9337
E-mail : niko@niko-arch.com
URL : http://www.niko-arch.com/

건축가 프로필
• 니시쿠보 다케토
1973년생. 메이지 대학 이공학부 건축학과 졸업, 동
대학원 수료. 조(象) 설계집단 등을 거쳐 2001년 니
코 설계실 설립.

건축 개요

소재지 도쿄 도
가족 구성 부부 + 자녀 2명
구조 및 규모 철근콘크리트 + 목조, 지하 1층 지상 2층

부지면적 108.8㎡ (33평)
바닥면적 123.7㎡ (37.5평)
지하 바닥면적 29.1㎡ (8.8평)
1층 바닥면적 49.5㎡ (15평)
2층 바닥면적 45.2㎡ (13.7평)

용도지역 제1종 저층주거 전용지역
건폐율 49.87%
용적률 87.03%

설계기간 2011년 4월 ~ 2011년 11월
공사기간 2011년 11월 ~ 2012년 7월

마감 & 주요 설비

외부 마감
지붕 갈바륨 강판 세로이음
외벽 졸리패트(고벽돌 가공)
　　　 노출 콘크리트

내부 마감
거실
　바닥 졸참나무 원목마루 + 오일 스테인
　벽 물푸레나무 합판 + 오일 스테인
　천장 낙엽송 합판 + 오일 스테인
　　　 일부 화장들보 + 오일 스테인
식당
　바닥 류큐 다다미
　　　 일부 졸참나무 원목마루 + 오일 스테인
　벽 모르타르, 아크릴 에멀션 페인트(AEP) 도장
　천장 모르타르 마감
주방
　바닥 현창석
　벽 타일
　천장 아크릴 에멀션 페인트 도장
　　　 일부 화장들보 + 오일 스테인

주요 설비기기 제조사
주방 설비기기 싱크대 : 마쓰오카 제작소
　　　　　　　　 레인지 : 도쿄가스
욕실, 위생기기 토토(TOTO) 등
조명기구 막스레이(MAXRAY)
　　　　　 엔도(ENDO) 등

PART 2

거실과 식당의
공간별 아이디어

경치와 소재의 질감을 강조하여
쾌적하고 알찬 거실을 완성한 집

도쿄 도 | T 씨의 집

건물구조	단독, SE공법, 지상 2층 + 지하 1층
가족구성	부부
부지면적	98.1㎡ (29.8평)
바닥면적	97.6㎡ (29.6평)
설　계	히코네 건축설계사무소

사진 미즈타니 아야코 | 글 모리 세이카

별장처럼 상쾌한 개방감이 느껴지는 거실과 주방

숲 속 별장인 듯 녹지에 둘러싸인 곳. 거실과 주방의 남서쪽 창으로는 가로수가 보인다. "경치가 마음에 들어서 이 부지를 선택했어요."

남편은 사진작가, 부인은 그래픽 디자이너인 T 씨 부부. 남편은 "실내에 틀어박혀 작업하는 시간이 많아서, 집에서 개방감을 느끼고 싶었어요."라고 말한다.

부지면적은 29.8평. 부지는 깃대 모양인데다 2층 면적은 40㎡로 좁다. 그러나 건축가인 히코네 아키라 씨는 개방감과 여유로움을 자아내는 장치를 곳곳에 배치하여 답답한 느낌을 없앴다.

그중 하나가 거실과 주방에 연속된 테라스. 테라스를 단차 없이 연결하고 실내 천장은 창 쪽으로 점점 높아지게 해서 널찍한 느낌이 들도록 했다. 또 바깥 경치와의 일체감을 강조하고 자연 친화적인 환경을 만들기 위해 바닥은 호두나무, 천장은 삼나무로 마감했다. 물론 부부의 의견을 고려하여 선택한 소재다. "집에 오면 마음이 놓여요."라고 말하는 부부.

나선계단으로 올라가면 거실과 식당이 있는
2층에 도달한다. 테라스 옆이 식당, 그 반대쪽
이 소파가 있는 거실이다. 넓지 않은 면적 내
에서 공간을 알차게 배치했다.

IDEA 083

기능과 디자인을 중시한 주방가구

주방은 천장 높이가 낮은 곳에 배치했다. 또 나무를 기본 소재로 사용한 거실과 주방에서도 주방가구의 상판만은 기능성과 외관을 겸비한 스테인리스로 선택했다. 카운터 측면에는 세로로 결이 난 목재를 써서 아름다움을 강조했다.

IDEA 084

지하실을 만들어서 각 방의 면적을 확보

처음에는 지상 건물만 올릴 계획이었지만 필요한 만큼의 방과 2층 욕실을 확보하기가 쉽지 않아서 지하층을 만들기로 했다. "침수될 우려가 없고 건축법이 정한 요건만 만족시킨다면 지하층을 만드는 것도 괜찮아요."라는 히코네 씨.

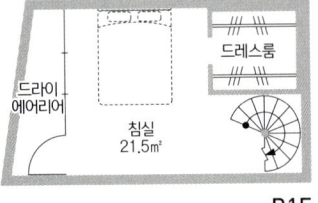

B1F

- 드라이 에어리어
- 침실 21.5㎡
- 드레스룸

1F

- 발코니
- 욕실
- 세탁기
- 세면실
- 예비실 8.3㎡
- 서재
- 현관

2F

- 냉장고
- 다용도실
- 발코니
- 거실 · 주방 · 식당 38㎡

다용도로 쓸 수 있는 원형 테이블

지름 107cm의 식탁은 건축가 에로 사리넨(Eero Saarinen)이 디자인한 '튤립 테이블'. 많은 사람이 모여도 편리하게 쓸 수 있다. 또 다리가 하나라서 발가락을 부딪칠 염려도 없고 공간도 절약된다.

공간별 인테리어 아이디어

IDEA 086

맨발에 산뜻하게 닿는 바닥
눈에 부드럽게 들어오는 천장

T 씨의 거실에서는 쾌적함을 오감으로 체험할 수 있다. 미국산 검은호두나무로 된 원목마루에는 밀랍을 칠했다. 삼나무 천장의 나무껍질 같은 생생한 느낌도 눈에 부드럽게 와 닿아 쾌적함을 더한다.

IDEA 087

깊이가 겨우 12cm! 틈새 책장

거실의 북쪽 코너에 남은 작은 공간을 식품 창고와 주방 작업공간으로 활용하고 있다. 오른쪽 벽면에는 12cm의 벽을 활용한 책장이 있다.

IDEA 088

1천 장의 CD를 수납하는
오리지널 수납장

소파에 앉아 좋아하는 음악을 들을 때가 가장 행복하다는 남편. CD를 1천 장이나 소장하고 있어서 CD용 수납장을 따로 제작했다. 주위와 소재를 차별화함으로써 거실을 주변 공간과 시각적으로 구분했다.

IDEA 089

벽과 하나가 된 깔끔한 문

벽처럼 보이지만 놀랍게도 문이다. 문을 열면 부인의 작업용 책상이 나타난다. "좁은 공간에서는 손잡이처럼 작게 튀어나온 부분도 면적을 잡아먹어요. 튀어나온 곳을 생략해야 공간이 깔끔해집니다."라는 히코네 씨.

IDEA
090

조도가 조절되는 조명으로 분위기를 전환한다

이 집에는 벽면의 스포트라이트뿐만 아니라 식당의 펜던트 조명, 주방의 다운라이트 등 장소마다 조도를 조절할 수 있는 조명 시스템이 구비되어 있다. 조도를 낮추면 분위기가 확 바뀌므로 기분도 전환할 수 있다.

IDEA
091

실내와 실외를 연결하는 데크 테라스

실내와 단차 없이 연결되어 실내외의 연속성을 높이는 테라스. 목제 틀이 끼워진 창문은 두 장의 큰 유리 미닫이로 구성되어 있다. 창틀 때문에 경치가 잘려 보이지 않으므로 개방감이 더욱 강하게 느껴진다.

안에 작은 테이블이 숨어 있는 주문제작 주방

IDEA
092

넓지 않은 집의 개방형 주방이므로 거실에서 보이는 아일랜드 카운터의 측면은 최대한 콤팩트하게 마무리했다. 그 대신 측면의 상판을 들어 올려서 간이 테이블을 이용할 수 있도록 했다.

Living & Dining Room

IDEA **093**

IDEA **095**

IDEA **094**

Bed room

침실

IDEA 093 침실은 지하에 있다. "드라이 에어리어로 햇빛이 들어와서 아침 일찍부터 눈이 떠져요."라는 부인. 드라이 에어리어에서부터 이어진 녹색 벽은 빛의 변화에 따라 다양한 표정을 보여준다. 이 녹색은 계단까지 이어진다.

IDEA 094 침실의 드레스룸 내부에는 습도 조절력이 뛰어난 오동나무를 사용했다.

창

마치 나무틀 액자 안에 작은 그림이 걸려 있는 것 같은 2층 현관 옆의 복도. 이런 작은 창은 계단 벽에도 여러 개 있다. "매일 눈길이 가는 곳이라서 면적이 좁아도 집 전체의 인상을 좌우하거든요."라는 히코네 씨.

Window

Bath room

욕실

검정 타일을 주로 쓴 세련된 욕실. 세면실과 욕실의 천장에는 셀랑간 바투 판재를 길게 이어 붙였다. "욕실에 나무를 쓰면 곰팡이가 생길까봐 걱정될지도 모르지만 환기가 잘 되는 구조라면 아무 문제 없어요. 오히려 습도 조절도 되는 등 기능성이 높습니다."라는 히코네 씨.

IDEA **097**

Stairs

IDEA **096**

계단

지하에서 2층까지 총 세 개 층을 연결하는 나선계단. 난간이 그려내는 섬세한 곡선이 인상적이다. 계단실의 벽은 침실과 똑같은 녹색. 계단실 천창에서 들어온 빛은 지하까지 도달한다. 작은 창은 통풍을 원활하게 할 뿐만 아니라 계단의 상하 이동을 즐겁게 만든다.

IDEA
098

IDEA
099

Entrance

현관

IDEA 098 밝고 널찍한 현관. 한쪽 벽면이 거울이라서 공간이 더 넓어 보인다.

IDEA 099 계단실과 현관을 구분하는 벽 겸 신발장. 벽이 신발장이라는 것을 숨기기만 해도 체감 면적이 확 달라진다.

Study room

IDEA
100

서재

나중에 아이 방으로 바꿀 예정인 1층 서재. 지금은 남편의 취미실로 쓰이고 있다. 면적은 2.5㎡ 정도로 작지만 벽에 L자형 책상과 선반을 설치하여 효율적인 공간으로 만들었다.

건축가 정보

히코네 건축설계사무소
도쿄도 세타가야구 세이조 7-5-3
Tel : 03-5429-0333 Fax : 03-5429-0335
E-mail : aha@a-h-architects.com
URL : http://www.a-h-architects.com

건축가 프로필

• **히코네 아키라**
1962년생. 도쿄예술대학 건축과 졸업. 같은 대학 대학원 건축과 졸업. 이소자키 아라타 아틀리에를 거쳐 1990년 히코네 건축설계사무소 설립.

건축 개요

소재지 도쿄 도
가족구성 부부
구조 및 규모 SE공법, 지상 2층, 지하 1층

부지면적 98.1㎡ (29.7평)
바닥면적 97.6㎡ (29.6평)
1층 바닥면적 35.3㎡ (10.7평)
2층 바닥면적 39.2㎡ (11.9평)
지하 1층 바닥면적 23.1㎡ (7평)

용도지역 제1종 저층주거 전용지역
건폐율 39.95%
용적률 75.89%

설계기간 2010년 4월 ~ 2011년 8월
공사기간 2011년 9월 ~ 2012년 4월
시공 와타나베 기연
총공사비 4,500만 엔(설계비 포함)

마감 & 주요 설비

내부 마감
거실·식당·주방
 바닥 미국 검은호두나무 + 밀랍왁스
 벽 파티클보드(PB) + 채프월
 천장 삼나무 패널 + 오일 스테인
주요 설비기기 제조사
주방가구 현장 제작
주방기기 밀레(Miele)
위생기기 토토(TOTO), 그로헤(GROHE)
       티폼(T-form)
조명기구 오델릭(ODELIC), 고이즈미(KOIZUMI)
       막스레이(MAXRAY), 엔도(ENDO)
난방 시스템 축열난방기 : 올스버그(독일)

효과적인 수납 시스템으로
가사와 생활을 즐기며 살 수 있는 집

도쿄 도 | S 씨의 집

건물구조　단독, 목조 2층
가족구성　부부 + 자녀 1명
부지면적　135.5㎡ (41.1평)
바닥면적　114.5㎡ (34.7평)
설　　계　나오이 건축설계사무소

사진 미즈타니 아야코 | **글** 미야자키 히로코

수납공간이 충분하여 언제든 정리할 수 있는 집

주말마다 도시의 집과 산장을 오가며 바쁘게 지내는 S 씨 가족. 취미도 많아 집에 있을 시간이 적으므로 부인은 처음부터 집안일이 효율적으로 이루어지는 집을 원했다고 한다.

설계자로는 대범한 건축 스타일이 마음에 드는 나오이 가쓰토시 씨와 나오이 노리코 씨를 선택했다. 또 식사를 느긋하게 즐길 수 있는 식당, 갖고 있는 많은 식기를 시원스러우면서도 편리하게 수납할 수 있는 수납공간을 요청했다.

주로 생활하는 공간인 2층은 아이의 놀이터이기도 한 거실과 식당이 계단 홀에서 서로 만나는 구조다. 그리고 이 두 공간을 부드럽게 나눠주는 것이 옆에 서 있는 가족 책장이다.

벽면에는 수납공간을 알차게 설치하여 아끼는 전통 식기와 일용품을 넉넉히 수납하도록 했다. 덕분에 산장에 갔다 와도 짐을 곧바로 정리할 수 있게 되었다.

"식당에 있으면 거실과 바깥까지 한눈에 들어와서 기분이 좋아요."라는 부인. 적재적소에 설치된 효율적인 수납공간을 활용하여 생활을 즐기는 있는 집. 부인의 모습에서 그런 집을 얻은 기쁨이 엿보인다.

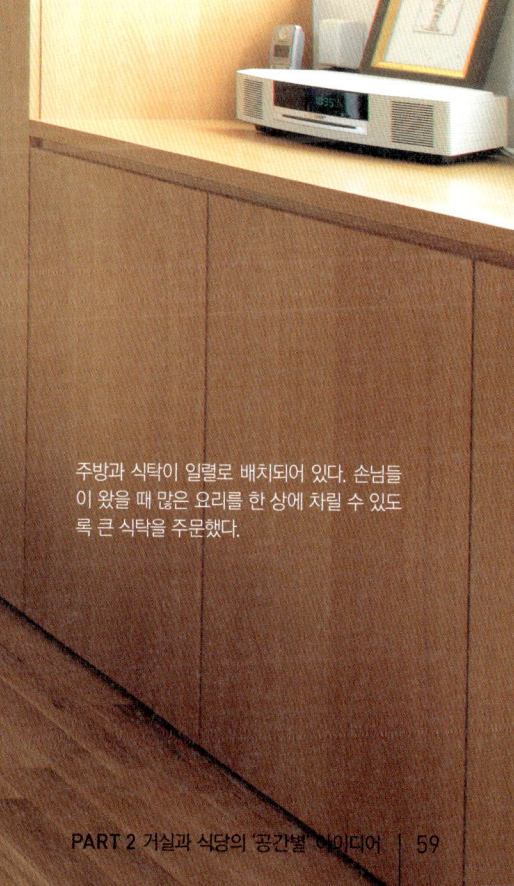

주방과 식탁이 일렬로 배치되어 있다. 손님들이 왔을 때 많은 요리를 한 상에 차릴 수 있도록 큰 식탁을 주문했다.

IDEA 102

가족의 공동 서재

식탁에서 도로 쪽으로 조금 이동하면 가족이 함께 사용하는 서재 공간이 있다. 주문제작한 책상과 선반에 세븐 체어가 잘 어울린다.

IDEA 103

바깥 풍경이 보이는 치유의 휴식 공간

식탁을 거실 쪽에 배치했더니 주방 앞에 빈 공간이 생겨났다. 그래서 찬란한 햇빛이 들어오는 이곳 '선룸'에 테이블과 의자를 두어 휴식 공간으로 삼았다. 여기서 정원을 바라보며 종종 티타임을 즐긴다고.

IDEA 104

벽 일부에 철판을 넣어 만든 자석 보드

벽 마감재 밑에 철판을 깔아 자석이 붙도록 했다. 부부는 여기에 추억의 사진과 작품들을 장식하고 있다.

IDEA
105

빛이 통하는 계단으로
즐겁게 이동한다

따스한 느낌의 나무 계단을 경쾌하게 오르는 아들의 모습. 계단은 세로 방향의 챌판이 없어서 아래층으로 빛을 보내주고 시선을 통과시킨다. 왼쪽은 1층과 2층을 관통하는 수납 타워. 수납 타워와 벽으로 시야가 막혀 있는 계단을 올라가면 2층의 식당이 환한 모습을 드러낸다.

IDEA
106

현관 옆 복도에도
수납공간을 확보

현관에서 욕실 쪽을 바라본 모습. 계단 주변에 수납장을 넉넉히 설치한 덕분에 집 전체가 깔끔하다. 물건을 넣고 빼기 쉬운 개방형 수납장과 문이 달린 수납장을 섞어 놓아 편리하게 사용할 수 있도록 했다.

바깥 풍경을 바라보며
집안일을 하는 주방

IDEA
107

주방은 천장 높이가 낮은 곳에 배치했다. 또 나무를 기본으로 부인은 자연 경관을 바라보며 기분 좋게 집안일을 할 수 있는 집을 원했다. 그래서 선룸과 정원을 마주보는 위치에 주방을 배치했다. 1층 욕실에서도 선룸 너머로 정원의 나무를 바라볼 수 있다. 덕분에 부인은 상쾌한 기분으로 집안일을 하고 있다.

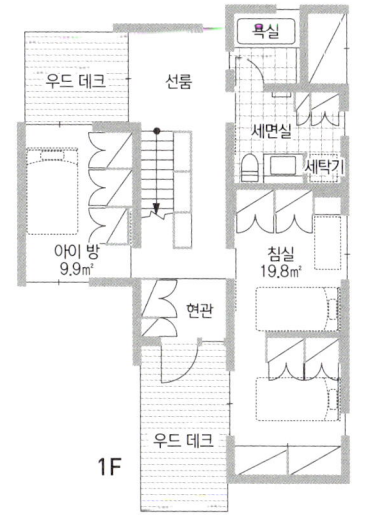

1F

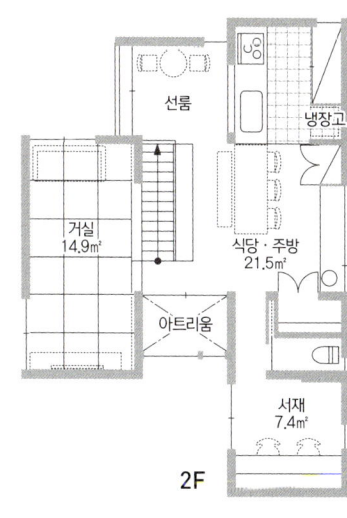

2F

공간별 인테리어 아이디어

IDEA 108

손님방으로도 쓸 수 있는 거실

거실과 식당은 큰 미닫이문을 활용하여 분리하거나 통합할 수 있다. 거실 벽 속으로 집어넣을 수 있는 이 문은 평소에는 거의 열려 있다고 한다. 그러나 손님이 왔을 때 닫아 두면 독립된 손님방을 만들 수 있다.

IDEA 109

외부 공간을 내부로 끌어들여 개방감을 더한다

"야외 느낌의 실내 테라스를 만들어 주택가에서도 자연을 느낄 수 있도록 했습니다."라는 집주인. 현관홀에는 큰 개구부를 만들어 빛과 바깥 경치를 내부로 끌어들인다.

IDEA 110

나무의 색감을 통일하고 검정을 악센트로

구조재가 노출된 천장, 졸참나무 원목마루, 주문제작된 수납장 등. 목재를 주로 쓰면서도 현대적인 분위기를 낸 비결은 흰색 벽을 주로 쓰고 목재의 색감을 통일한 데 있다. 의자 좌석의 검정색은 공간의 악센트 역할을 한다.

IDEA 111

외벽의 마감재를 내부에도

현관홀의 벽은 외벽에도 사용한 졸리패트를 흙손으로 칠해 마감했다. 이 집에서는 이처럼 안과 밖이 적당히 연결되는 좋은 기분을 여기저기서 느낄 수 있다.

IDEA 112

일본식 인테리어와 잘 어울리는 수납장

손님방을 겸한 거실은 최고의 활용도를 보여준다. 잡다해 보이기 쉬운 에어컨과 오디오, 비디오는 주문제작한 수납장 안에 숨겼다.

IDEA 113

인테리어와 조화된 심플한 조명

목재가 많은 공간에 잘 어울리는 아르네 야콥센(Arne Jacobsen)의 펜던트 조명. "심플한 디자인에 크기가 다양해서 면적에 맞는 것을 선택했어요."라는 나오이 노리코 씨.

IDEA 114

공간을 부드럽게 분리해 주는 낮은 책장

거실이나 식당, 어디에 있어도 마음이 편안한 것은 이 책장이 시선을 적당히 가려주기 때문이다. 덕분에 거실에서 데굴거려도 식당에서는 잘 보이지 않는다. 게다가 이 책장은 높이가 120cm밖에 안 되기 때문에 답답한 느낌이 없다.

Living & Dining Room

IDEA 115

일용품 정돈에 유용한 아크릴 케이스

식당 창가의 수납장 오른쪽에는 다림질 용품과 수예용품이 보관되어 있다. 내용물이 흐릿하게 보이는 반투명 케이스에 물건을 종류별로 수납하여 필요한 것을 수월하게 넣고 뺄 수 있게 했다.

IDEA 116

식당 수납장 한 구석의 작은 세면대

식당의 맨 오른쪽에는 작은 세면대가 있다. 덕분에 귀가할 때 욕실과 세면실이 있는 1층을 들르지 않고 2층으로 직행하더라도 여기서 간단히 손을 씻을 수 있다. 이 세면대가 없었다면 싱크대에서 손을 씻느라 집안일을 하는 사람과 동선이 겹쳤을 것이다. 식전에 손을 씻고 식후에 양치질을 하는 습관도 들이기 쉽다.

IDEA
117

IDEA
118

IDEA
119

Kitchen

주방

IDEA 117 주방 뒤쪽에는 창문이 달린 깊숙한 수납실이 있다. 평소에는 이곳의 문을 거의 열어둔다. 가전제품 보관소 겸 작업실로도 유용하다.

IDEA 118 선룸과 마주보는 환한 주방. 일상적인 집안일의 부담을 덜기 위해 가로 60cm의 식기세척기와 가스오븐을 설치했다.

IDEA 119 S 씨의 집이 항상 깨끗한 것은 물건이 쓰일 곳에 수납공간을 만들어 두었기 때문이다. 식당 창가에는 인테리어와 어울리는 소재로 제작한 수납장을 넉넉히 설치했다. 이 수납장의 커다란 문을 열기만 하면 필요한 식기를 즉시 꺼낼 수 있다.

IDEA
120

침실

길쭉한 모양의 침실에서는 하나의 공간이 둘로 나뉘어 활용된다. 옷장을 중심으로 침대를 양쪽에 배치하여 자기 전에 각자 편하게 책을 읽거나 음악을 듣는 것이다. 자유롭게 지내다가 숙면하기 위한 좋은 아이디어다.

Bedroom

IDEA 121

IDEA 122

Toilet & Bathroom

욕실과 화장실

IDEA 121 세련되고 편리한 주문제작 세면대.

IDEA 122 세면탈의실에는 히터를 설치하여 겨울마다 몸에 좋은 복사열로 난방을 하도록 했다. 덕분에 젖은 수건도 금세 마른다. 욕실 천장은 노송나무 패널.

IDEA 123

Entrance

현관

IDEA 123 복도에서 현관, 진입로까지 모두 단차 없이 연결된다. 바닥재로는 부드럽고 내후성이 뛰어나 우드데크에 최적인 울린(Ulin)을 썼다.

IDEA 124 아트리움 구조의 현관홀도 아들에게는 훌륭한 놀이터. 종종 자은 트램필린을 복도 수납장에서 꺼내 와 여기서 연습한다.

IDEA 124

건축가 정보

나오이 건축설계사무소
도쿄도 지요다구 간다 스루가다이 3-1-9 2층 A
Tel : 03-6273-7967 Fax : 03-6273-7968
E-mail : contact@naoi-a.com
URL : http://www.naoi-a.com

건축가 프로필
• 나오이 가쓰토시 + 나오이 노리코
1973년 & 1972년생. 설계사무소 근무를 거쳐 2001년 나오이 건축설계사무소를 공동 설립.

건축 개요

소재지 도쿄 도
가족구성 부부 + 자녀 1명
구조 및 규모 목조, 지상 2층
부지면적 135.5㎡ (41.1평)
바닥면적 114.5㎡ (34.7평)
1층 바닥면적 56.3㎡ (17.1평)
2층 바닥면적 58.2㎡ (17.6평)

용도지역 제1종 저층주거 전용지역
건폐율 46.74%
용적률 84.47%

설계기간 2010년 10월 ~ 2011년 5월
공사기간 2011년 6월 ~ 2011년 11월
시공 에이코 건설
중개 더 하우스

마감 & 주요 설비

내부 마감
거실
  바닥 한지로 만든 테두리 없는 다다미
  벽과 천장 파티클보드와 초배지 위에
            플라넷월 페더필 롤러 도장
식당
  바닥 졸참나무 원목마루 위에 오스모 도장
  벽과 천장 파티클보드와 초배지 위에
            플라넷월 페디필 롤러 도장

주요 설비기기
주방가구 제작 몰리 코퍼레이션
주방기기 밀레(Miele), 하만(Harman)
위생기기 릭실(LIXIL), 토토(TOTO)
          다이와 중공
조명기구 막스레이(MAXRAY)
          야마기와(Yamagiwa)
          루이스 폴센(Louis poulsen)

IDEA
125

도쿄 도 | 스에후사 씨의 집

건물구조 단독, 목조 2층
가족구성 부부
부지면적 96.1㎡ (29.1평)
바닥면적 109㎡ (33평)
설　계 이시카와 준 건축설계사무소
　　　　아틀리에 긴교바치

사진 나카무라 가이 | 글 마쓰바야시 히로미

스킵플로어와 벽면 수납으로 변화를 준 공간

　　도심이지만 조용하고 차분한 주택가의 환경이 마음에 들어 땅을 구입한 스에후사 씨 부부. 부지의 삼면에 다른 집이 인접해 있으며, 부지 모양은 가로 5m, 세로 20m로 남북으로 길쭉하다. 부부는 동판화가인 부인의 아틀리에와 생활공간이 공존하는 집을 짓기로 했다.

　　설계는 심플한 스타일의 설계가 특기인 건축가 이시카와 준 씨, 나오코 씨에게 의뢰했다. 부부는 밝은 개방형 거실에 책을 한데 모아 둘 책장을 만들기를 원했고, 남의 눈을 신경 쓰지 않고 편히 쉴 수 있는 데크를 희망했다.

　　그래서 이시카와 씨는 2층에 거실과 주방, 식당을 배치하고 이들을 스킵플로어로 연결한 설계를 제안했다. 단차에 의해 쉬는 공간과 먹는 공간을 부드럽게 나눈 구조다. 거실의 한쪽 벽은 개방형 수납장으로 꽉 채웠다. 여기에 스에후사 씨의 책과 함께 잡지와 오디오까지 수납함으로써 가구를 늘리지 않으면서 좁은 공간을 넓게 쓸 수 있도록 했다.

스킵플로어로
거실과 식당을 구분한 집

스킵플로어로 연결된 거실과 식당. 계단의
디딤판에 앉아 책을 읽거나 커피를 마시기
도 한다. 이 계단은 이동에 쓰이는 기능적
공간인 동시에 생활하는 공간이다.

IDEA
127

주택 밀집지의 채광법

삼면이 이웃집에 둘러싸인 부지여서 사생활 확보와
채광이 관건이었다. 그래서 측면의 개구부는 되도록
없애고 천창으로 들어온 빛을 흰 벽에 빛을 반사시킴
으로써 집을 환하게 만들었다.

IDEA
126

기능적인 소재로 편리함을 확보

부부는 밝고 쾌적하면서도 청소하기 편한 집을 원했다.
그래서 식당과 주방의 바닥은 손질이 쉽고 외관이 아름다
운 비닐타일로 마감하여 기능성을 한층 높였다.

IDEA
128

천창으로 받아들이는 안정된 빛

아틀리에는 천장을 3m로 높이고 고창(高窓)을
만들어 안정된 빛을 확보하도록 했다. 주거공
간의 현관과 아틀리에의 출입구는 따로 만들었
다. 아틀리에의 입구는 단차가 없이 크게 만들
어 작품의 출입이 원활하도록 했다. 신발을 신
은 채 활동할 수 있도록 바닥에는 모르타르를
흙손으로 발랐다.

IDEA 129

개방형 수납장으로 심플한 공간에 악센트를

평소에 자주 읽거나 듣는 책과 CD는 손이 닿는 곳에 꽂아두고, 손이 닿지 않는 높은 곳에는 일부러 여백을 두어서 답답하고 잡다한 느낌을 지웠다. 눈이 즐거워지는 수납법이다.

IDEA 130

사생활을 지키면서도 충분한 채광 효과를 발휘하는 창

사생활을 지키면서도 개방감이 느껴지는 집을 원했기 때문에 거실의 높아진 곳에 창을 만들어 햇빛을 받아들이고 하늘도 바라볼 수 있도록 했다. 이 고창 덕분에 거실이 더욱 아늑해졌다.

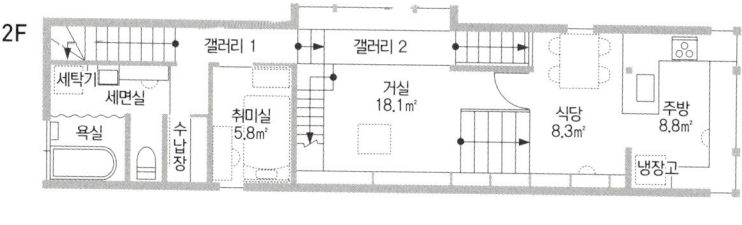

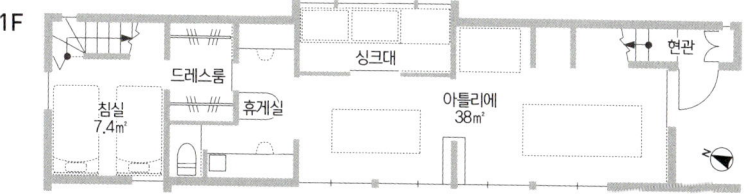

IDEA 131

스킵플로어로 연결하여 각 공간을 여유롭게

1층은 주로 부인의 아틀리에, 2층은 주거공간으로 설정되었다. 거실과 식당을 스킵플로어로 연결하여 좁은 면적이지만 여유를 느끼게 했다. 계단은 현관에서 2층으로 진입하는 남쪽, 또 2층 침실과 2층을 연결하는 북쪽에 각각 설치했디

공간별 인테리어 아이디어

IDEA 132

산과 계곡을 즐기는 거실과 식당

"야외 느낌의 실내 테라스를 만들어 주택가에서도 자연을 느낄 수 있도록 했습니다."라는 나오이 가쓰토시 씨. 현관홀에는 큰 개구부를 만들어 빛과 바깥 경치를 내부로 끌어들인다.

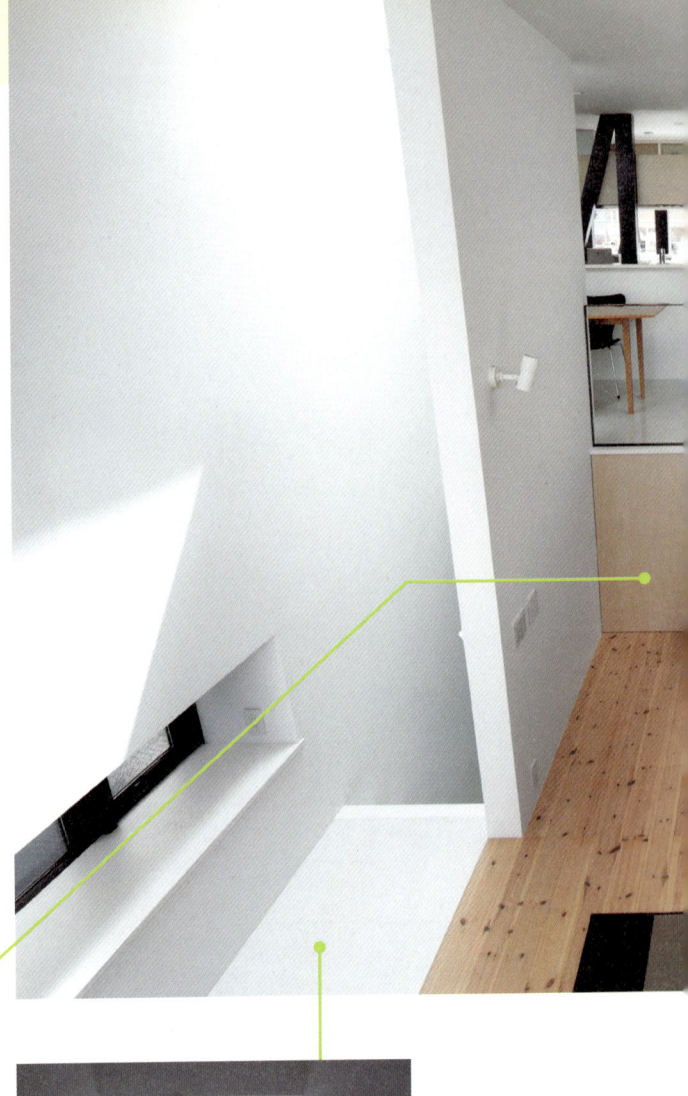

IDEA 133

단차를 활용하여 바닥 밑에 설치한 수납장

단차를 활용하여 식당과 주방의 바닥 밑에 큼직한 수납공간을 만들었다. 여기에는 계절용품과 평소에 잘 쓰지 않는 가구 등 부피가 큰 물건을 수납한다. 개방형 거실과 주방을 깔끔하게 유지하는 데 유용한 장치다.

IDEA 134

공간을 구분하는 긴 직선 계단

1층 천장을 높게 만드는 것도 그렇지만, 현관에서 2층으로 가는 계단이 이처럼 길어진 것도 출근하는 기분으로 아틀리에에 가고 싶다는 부인의 바람 때문이다. 이 기다란 동선 덕분에 공적인 삶과 사적인 삶을 원활하게 전환할 수 있다.

IDEA
135

흑백으로 차분하게 정돈된 공간

스에후사 씨는 예전부터 심플한 외관과 공간, 흰색과 검정색으로 구성된 인테리어를 좋아했는데, 그 취향이 식당에 반영되어 있다. 주방의 기둥도 검은색으로 칠해 공간의 악센트로 삼았다.

Living & Dining Room

IDEA
137

거실로 빛을 전달하는 옥상 테라스

거실로 빛을 전달하는 옥상 테라스에는 목제 루버 울타리를 쳐서 주위 시선을 차단했다. 넉분에 생겨난 사적인 공간은 빨래를 말리거나 커피를 마실 수 있는 아늑한 장소로 쓰이고 있다.

부지의 형태를 살려 최대한 넓게

공간에 변화를 준 스킵플로어로 널찍한 느낌을 냈다. 낮은 곳에 설치한 슬릿 창 역시 시선을 가로 방향으로 뻗어나가게 만들어 실내를 넓게 느끼게 만드는 장치다.

IDEA
138

IDEA
136

도서관처럼 깔끔한 수납

집주인은 책을 한곳에 모아놓기를 원했다. 그래서 도서관을 연상시키는 개방형 서가를 설치했다. 선반 높이뿐만 아니라 책 높이와 색까지 통일하여 외관을 깔끔하게 정돈했다.

IDEA 139

Kitchen

주방

IDEA 139 ㄴ자형 주방에 카운터를 연결하여 ㄷ자 모양으로 만들었다. 부부가 음식을 함께 만들 때도 있어서 두 사람이 여유롭게 함께 일할 수 있는 면적을 확보했다. 효율적인 동선이 적용되어 있어 편의성도 뛰어나다.

IDEA 140 개방형 수납

IDEA 141 부인의 요청에 따라 주방에 다림질 등을 할 때 유용한 작업대를 설치했다.

IDEA 140

IDEA 141

Bedroom

IDEA 142

침실

침실은 1층 북쪽에 배치했다. 현관에서 시작하는 남쪽 계단과는 별도로 북쪽에도 계단이 있으므로 1층의 침실에서 2층으로 바로 올라갈 수 있다. 남쪽에 배치된 아틀리에로 왕래할 수 있는 문도 있다. 사생활을 지키면서도 부드러운 빛을 받아들이는 슬릿 창을 설치하여 심신이 편히 쉬는 공간이 되도록 했다.

IDEA 143

Sanitary

욕실

IDEA 143 발을 쭉 뻗고 입욕하고 싶어서 큰 욕조를 선택했던 스에후사 씨. 벽과 바닥에 FRP 방수 처리를 하고 큼직한 분리형 욕조를 들여놓았다. 욕실, 세면실, 화장실을 일체화해 만들어 공간을 넓게 쓰도록 했다.

IDEA 144 바닥과 세면대는 타일로 마감하여 깔끔한 느낌을 주었다.

IDEA 144

취미실

취미로 기타를 치는 남편의 공간. 5.8㎡ 정도로 좁은 공간이지만 여기서 자신만의 시간을 만끽할 수 있다. 지금은 방음공사를 하지 않은 상태지만 필요에 따라 조립식 패널을 설치하여 방음실로 바꿀 수 있다. 나중에 손님방으로 바꾸는 등 다목적으로 활용할 생각이다.

Hobby room

IDEA 145

건축가 정보

이시카와 준 건축설계사무소
도쿄도 나카노구 에하라정 2-31-13-106
Tel : 03-3950-0351
E-mail : j-office@marble.ocn.ne.jp
URL : http://www.jun-ar.info

건축가 프로필

- **이시카와 준**
1966년생. 2002년 이시카와 준 건축설계사무소 설립.
- **이시카와 나오코**
1966년생. 2002년 오니시 나오코 건축설계사무소·아틀리에 긴교바치 설립. 2011년 이시카와 나오코 건축설계사무소·아틀리에 긴교바치로 개칭.

건축 개요

소재지 도쿄 도
가족구성 부부
구조 및 규모 목조, 지상 2층

부지면적 96.1㎡ (29.1평)
바닥면적 109㎡ (33평)
1층 바닥면적 52.47㎡ (15.9평)
2층 바닥면적 56.52㎡ (17.1평)

용도지역 제1종 중고층주거 전용지역
건폐율 58.80%
용적률 113.40%

건설기간 2009년 8월 ~ 2010년 3월
공사기간 2010년 4월 ~ 2010년 9월
시공 아이에스 기획건설
총공사비 2,797만 엔(설계비, 감리비 제외)

마감 & 주요 설비

외부 마감
지붕 컬러 갈바륨 강판 세로이음
외벽 모르타르 흙손 마감 위에 롤러 도장
사이딩 부착

내부 마감
거실
바닥 소나무
벽·천장 비닐벽지
식당·주방
바닥 비닐타일
벽·천장 비닐벽지

주요 설비기기 제조사
주방가구 현장 제작
주방기기 밀레(Miele)
위생기기 토토(TOTO)
그로헤(GROHE)
티폼(T-form)
조명기구 오델릭(ODELIC), 고이즈미(KOIZUMI)
막스레이(MAXRAY), 야마기와(Yamagiwa)
엔도(ENDO)
난방 시스템 축열난방기 : 올스버그(Olsberg)

천장 높이에 변화를 주어
아트리움 공간을 쾌적하게 완성한 집

도쿄 도 | 오가와 씨의 집

건물구조	단독, 목조 2층
가족구성	부부
부지면적	115.3㎡ (35평)
바닥면적	92.1㎡ (27.9평)
설　　계	사토·후세 건축사무소

사진 나카무라 가이 | 글 하타노 아키코

느낌이 다른 여러 공간이 부드럽게 이어진 구조

영화를 무척 좋아하는 오가와 씨 부부는 거실에서 여유롭게 영화 감상을 하기 위해 아트리움을 만들고 싶어 했다. 그래서 천장이 두 배로 높은 공간이 생겼는데, 여기에는 음대에서 성악을 전공한 유코 씨의 노랫소리와 피아노 소리가 아름답게 울리도록 하는 음향 설계도 포함되어 있다. 덕분에 온 집이 음악의 부드러운 울림과 전면창으로 들어온 햇빛으로 가득 채워지게 되었다.

설계를 맡은 사토·후세 건축사무소의 사토 데쓰야 씨와 후세 유코 씨는 부부가 공통의 취미를 즐길 공간과 서로의 존재를 느끼며 각자 시간을 보낼 공간이 함께 하는 구조를 제안했다. 안뜰 때문에 구부러진 1층의 코너는 거실과 식당 공간을 부드럽게 나누어 준다. 또 11.6㎡ 남짓의 아담한 식당은 안뜰 테라스를 향해 열린 기분 좋은 공간으로 완성되었다.

다양한 쾌적함을 느낄 수 있는 오가와 씨의 집. 빛을 부드럽게 반사하는 규조토 벽 안에 아끼는 가구와 영화, 음악이 어우러진 생활공간이 있다.

확 트인 느낌의 아트리움이 있는 거실

두 층을 하나로 연결한 아트리움을 포함한 거실
은 영화와 음악을 좋아하는 오가와 씨 부부가
가장 좋아하는 장소. 천장까지 가득한 전면창 너
머로는 식물이 자라는 안뜰이 보인다. 왼쪽 뒤에
는 식당이 있다.

IDEA 148

식당으로 이어지는 갤러리풍의 현관

규조토 벽과 긴 봉당, 천창의 빛이 조용한 분위기를 자아내는 현관홀. 도예를 배운 유코 씨의 작품을 진열하여 갤러리처럼 만든 이 공간은 식당으로 진입하는 통로이기도 하다. 정면의 작은 문은 주방의 뒷문이다.

IDEA 149

아끼는 소품으로 장식한 창가의 장식선반

창틀과 일체로 디자인된 장식선반에는 좋아하는 잡화와 여행의 추억이 깃든 소품을 전시해 놓았다. 음향 효과를 생각하여 가구를 최소한으로 줄인 심플한 공간에 자연스러운 악센트가 되어 주는 공간이나.

IDEA 150

천장 높이를 거실보다 낮추어 아늑한 분위기로

낮은 벽 너머의 현관홀과 인접한 식당. 나지막한 공간 안에 현관의 천창으로 들어온 부드러운 빛이 넘실거린다. 테이블은 부인인 유코 씨가 사포질을 하여 취향대로 리폼한 것.

IDEA 151

천장 높이의 변화와 방의 분리·통합으로 공간에 리듬감을

잘록해진 코너가 거실과 식당을 부드럽게 나누는 구조다. 천장 높이가 5m로 높은 거실과 2.4m로 나지막한 식당에는 각기 다른 종류의 쾌적함이 존재한다. 2층에서도 막힌 벽이 아닌 낮은 벽과 마감재 전환으로 공간을 구분했다.

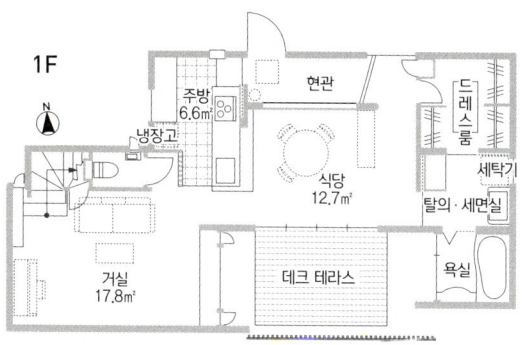

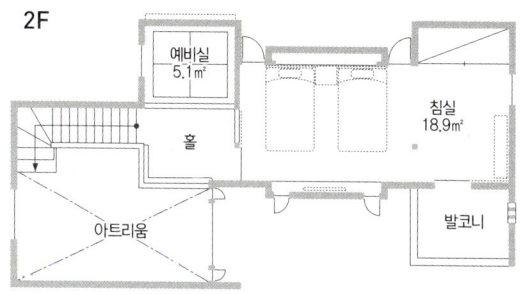

오가와 씨의 집에서 발견한

공간별 인테리어 아이디어

IDEA 152
재미와 실용성을 겸비한 거실 계단
거실 계단의 벽은 부부가 직접 고른 진분
홍색으로 칠했다. 전체적으로 차분한 공간
에 산뜻한 포인트 컬러가 재미를 더해준다.
벽 속에는 오가와 씨가 구입한 안소니 갈로
(Anthony Gallo)의 스피커가 매립되어 있다.

IDEA 153
눈길이 자주 닿는 벽면은 독특한 질감의 규조토로
처음에는 이 벽에 벽지를 바를 예정이었지만 독특한 질감을 내
기 위해 규조토 마감으로 변경했다. 오가와 씨는 큰 창에서 들
어온 빛을 받아 시시각각 표정이 달라지는 거실 벽을 보며 비
용은 늘었지만 큰맘 먹고 바꾸기를 잘했다고 말한다.

IDEA 154
나무틀처럼 자연스러운 분위기의 알루미늄 새시
준방화 지역이라 목제 새시를 쓸 수 없어
서 알루미늄 새시의 측면에 나무틀을 덧대
어 따스한 느낌을 냈다. 창가의 선반에도
창틀과 똑같은 디자인을 적용했다.

IDEA 155
음향까지 고려한 거실 벽면
피아노가 있는 서쪽 코너는 여유로운 느낌과
좋은 음향을 위해 여유 있게 만들었다. 요철 있
는 벽과 높은 천장이 음향을 효과적으로 제어
한다. 움푹 들어간 벽의 빈 곳에는 통풍창과 선
반을 설치했다.

IDEA
156

유럽의 기차역에서 본 시계처럼

거실과 식당을 연결하는 통로에 시계를 양쪽으로 붙여 만든 양면 시계를 철판으로 고정시켰다. 여행을 좋아하는 부부가 유럽의 기차역에서 본 양면 시계를 떠올리며 제작한 것이다.

IDEA
157

구역별로 바닥 마감재를 바꾸어 공간에 변화를

1층 바닥재는 바닥난방에 적합한 물푸레나무 마루. 열 가공으로 더욱 깊은 색감을 만들어냈다. 한편 2층 바닥에는 나왕 합판을 깔았다. 이처럼 장소별로 소재를 바꾸어 비용을 절감하고 공간에 변화를 주었다.

IDEA
158

안뜰의 데크 테라스는 도시 주택의 소중한 휴식 공간

식물을 감상하는 안뜰은 도시 주택의 소중한 휴게실이다. 위치가 식당 바로 앞이라 바비큐두 가볍게 즐길 수 있다. 일부러 높이를 낮춘 출입창은 공간에 차분함을 더해준다.

IDEA
159

낡은 가구와 잘 어울리는 차분한 인테리어

벽 마감재와 창틀에는 미국 삼나무를 사용했다. 옛날 가옥에서 본 듯한 창호의 형태와 삼나무의 질감에서 향수가 느껴진다. 골동품처럼 보이는 낮은 수납장도 내장재와 잘 어울린다.

*Living &
Dining Room*

Closet

Kitchen

옷장

IDEA 162 남편의 할머니가 거주했던 단층건물 뒤에 현재의 건물을 신축했다. 그래서 추억을 되살려, 옛집의 격자문을 1층 드레스룸에 재활용했다. 미닫이 뒤는 욕실.

IDEA 163 옷장과 탈의·세면실이 직접 연결되어 동선이 무척 효율적이다.

Restroom

주방

IDEA 160 크고 작은 도예 작품을 수납하기 위해 서랍 사이즈까지 상세히 지정하여 목공소에 주문한 주방가구. 뒤쪽의 미닫이를 열면 현관홀로 바로 연결된다.

IDEA 161 주문제작한 주방 수납장에는 오가와 씨가 영국에서 사온 앤티크 손잡이가 달려 있다.

화장실

"집의 이곳저곳에 색을 넣고 싶었어요. 특히 항상 닫혀 있는 화장실은 벽지를 마음껏 쓸 수 있어서 좋았어요."라는 부인. 계단 벽과 똑같은 진분홍색 페인트와 대담한 꽃무늬 벽지를 조합했다.

IDEA
165

Bed room

침실

IDEA 165 침대에서도 영화를 보고 싶어서 침실에 벽걸이 TV를 설치했다. 벽일부는 녹갈색 벽지로 도배했다.

IDEA 166 침실에서도 옛집의 격자문을 재활용한다. 나왕합판을 정사각형으로 잘라 깐 소박한 바닥과 낡은 창호가 무척 잘 어울린다.

IDEA
166

Japanese Room

IDEA
167

방

IDEA 167 도심의 작은 나무가 보이는 위치에 만들어진 방의 액자 같은 창문.

IDEA 168 2층에 있는 5㎡ 면적의 예비실. 평소에는 칸막이를 열어서 계단 홀과 일체로 쓰고 있다. 칸막이는 침실 벽장의 미닫이와 똑같은 디자인으로, 손님이 있을 때만 닫아 둔다. 벽지의 대담한 무늬에서 부부의 유쾌함을 엿볼 수 있다.

IDEA
168

건축가 정보

사토·후세 건축사무소
도쿄도 무사시노시 고텐야마 1-7-12-601
Tel : 0422-48-2470   Fax : 0422-48-2471
E-mail : satofuse-arch@nifty.com
URL : http://homepage2.nifty.com/satofuse-arch

건축가 프로필
• 사토 데쓰야 + 후세 유코
1973년 & 1971년생. 함께 시나 에이조 건축설계사무소를 거쳐 2006년 사토·후세 건축사무소 공동 설립.

건축 개요

소재지 도쿄 도
가족구성 부부
구조 및 규모 목조, 지상 2층

부지면적 115.3㎡ (35평)
바닥면적 92.1㎡ (27.9평)
1층 바닥면적 57.69㎡ (17.5평)
2층 바닥면적 34.41㎡ (10.4평)

용도지역 근린상업지역
건폐율 65%
용적률 33%

설계기간 2009년 7월 ~ 2010년 1월
공사기간 2010년 4월 ~ 2010년 9월
시공 히로이 공무점
총공사비 2,300만 엔
※ 설계·감리비 및 경비 제외, 외부 공사비 포함

마감 & 주요 설비

내부 마감
거실
　바닥 미국산 검은호두나무 + 밀랍왁스
　벽 파티클보드 + 채프웰
　천장 삼나무 패널 + 오일 스테인
거실·주방·식당 외 1층
　바닥 물푸레나무 원목마루(바닥난방용)
　벽 규조토
　천장 벽지
2층
　바닥 나왕합판
　벽 규조토, 벽지
　천장 벽지

주요 설비기기 제조사
주방가구 제작 후지사와 목공소
위생기기 토토(TOTO), 티폼(T-form)
조명기구 파나소닉(Panasonic)
　　　　　 야마기와(Yamagiwa) 등

IDEA 169

가나가와 현 | Y 씨의 집

건물구조 단독, 목조 2층
가족구성 부부 + 자녀 2명
부지면적 135.4㎡ (41평)
바닥면적 121.7㎡ (36.9평)
설　　계 LEVEL Architect

사진 나카무라 가이 | **글** 미야자키 히로코

집 전체를 아이들의 놀이터로

　부부는 가족과 함께 하는 시간을 더 알차게 만들고 싶다고 했다. 특히 일 때문에 바쁜 남편은 새로운 집이 아이들과 함께 할 시간을 보낼 수 있는 설계를 원했다.

　이 집의 구조는 매우 특이하다. 현관에 들어서자마자 아이 방과 이어진 실내 테라스가 나타난다. 2층은 장난감방인 다락과 거실이 하나로 되어 있다. 이처럼 아이들이 놀이방처럼 즐겁게 놀 수 있는 집을 지을 수 있었던 것은 레벨 아키텍트의 '재미있는 디자인'에 부부가 공감해 준 덕분이다.

　또, 가족이 대부분의 시간을 거실에서 보내기 때문에 다 같이 쓸 수 있는 커다란 수납장이 거실에 설치되었다. 여기에는 일용품뿐만 아니라 아이들의 외출용 옷과 교과서까지 알차게 수납되어 있다.

　내장재는 부인이 좋아하는 북유럽풍으로 통일했다. 흰색 벽을 바탕으로 현관 건재의 티크 색을 강조한 후 알록달록한 잡화와 벽지로 쾌활한 분위기를 더했다. "꿈꾸던 것이 그대로 이루어져서 집 짓는 과정이 정말 즐거웠어요."라는 부인. 덕분에 가족의 시간이 풍족해진 개성 있는 집이 완성되었다.

언제나 아이를 살필 수 있는
북유럽풍의 세련된 거실이 있는 집

도로에 면한 서쪽은 외부 담장을 삼각형으로 잘라냄으
로써 빛과 바람은 끌어들이고 주위 시선은 절묘하게 차
단했다. 덕분에 사생활을 지키며 개방감도 느낄 수 있
다. 데크는 빨래를 널기에도 안성맞춤이다.

**가족이 주로 머무는 거실과 주방, 식당을
북유럽 스타일로**

아트리움이 있는 거실과 주방을 주로 흰 벽과 나무로 구
성한 뒤 그 주변을 잡화와 소품으로 장식하여 북유럽풍
으로 꾸몄다. 주방 카운터는 의자를 놓을 수 있도록 하부
를 비워 두었으므로 나중에 아이가 엄마 곁에 앉아 숙제
를 하는 등으로 다양하게 쓸 수 있다.

IDEA
171

외부 시선을 차단하는 외벽으로 둘러싸인 데크

외벽으로 둘러싸인 데크가 도로와 집 사이의 완충공간이 되므로 실내로 외부의 소음이 들어오지 않는다. 또 이 데크가 있어 소파 코너에서 녹지와 푸른 하늘을 조망할 수 있다. 다락으로 직접 올라가는 계단이 있어서 아이들을 지켜보기도 좋다.

IDEA
172

가족의 추억이 담긴 물건을 장식하는 거실 수납장

부인이 가족사진 찍기를 좋아해서 사진 액자를 장식할 선반이 필요했다. 이처럼 모서리를 둥글게 만든 수납장은 레벨 아키텍트가 지은 주택에서 자주 발견된다. 물론 건축주 부부와 의논하여 설치한 것이다.

2층에 기능을 집중시킨 효율석인 구조

IDEA
173

전체를 보면, 도로 측에 외벽으로 둘러싸인 안뜰을 배치한 후 그 옆에 실내 테라스 또는 데크와 같은 개방형 공용공간을 배치하고 제일 안쪽에 사적 영역을 배치한 명쾌한 구조다. 2층에 기능적인 공간을 집중시켰으므로 실내 테라스와 아이 방이 상대적으로 넓어졌다.

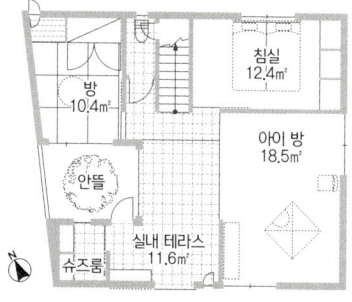

1F

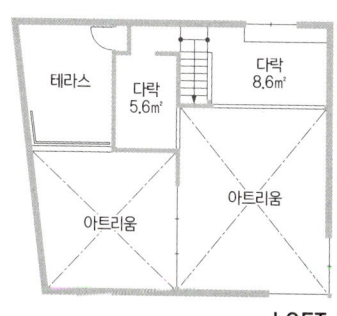

2F

LOFT

공간별 인테리어 아이디어

IDEA 174

개방형 수납장을 선택하여 비용을 대폭 절감

거실의 큼직한 수납장은 보여주는 수납과 문 속에 숨기는 병행할 수 있도록 제작했다. 서랍이 아닌 여닫이 형식을 취해서 비용을 절반 정도로 절감할 수 있었다.

IDEA 175

카운터를 연장시켜 흐르는 듯한 디자인으로

주방의 인조 대리석 상판을 옆으로 길게 연장시켜 가로 방향의 개방감을 강조하고 경쾌한 분위기를 연출했다. 거실 수납장은 상하로 분할하여 답답한 느낌이 들지 않도록 했다.

IDEA 176

시간을 아껴 주는 욕실 앞 세면대

욕실 바로 앞의 세면·탈의실은 큰 창 덕분에 해가 잘 들어서 습기가 차지 않는다. 뿐만 아니라 주방 바로 옆이라서 세탁기를 돌리는 동시에 식사 준비와 뒷정리 등의 가사를 무리 없이 병행할 수 있다.

IDEA 177

거실 옆의 다락은 아이의 놀이터

거실 옆 계단 위는 다락이다. 부인이 인터넷에서 찾은 펭귄 무늬 벽지가 꿈같은 공간을 만들어냈다. 아이도 장난감을 무조건 다락에 정리하는 것이 습관이 되어 있다. 거실에 가져가서 놀아도 곧바로 정리하므로 거실이 어질러지지 않는다.

IDEA 178

2층의 우드 데크

거실 앞의 데크에서는 해먹에 올라탄 아이들의 귀여운 모습을 볼 수 있다. 날씨가 좋을 때 이곳은 푸른 하늘 아래서 자동차를 신경 쓰지 않고 놀 수 있는 마당이 된다. 여기에는 그네를 달 수 있는 도구도 설치되어 있다.

Living & Dining Room

IDEA 179

가사 공간이 서로 가까워서 편리한 생활을

2층에서 대부분의 시간을 보낼 수 있도록 설계된 Y 씨의 집. 그래서 거실 입구에서부터 다락과 가사 공간으로도 수월하게 이동할 수 있다. 이처럼 짧은 가사동선은 바쁜 부인에게도 큰 도움이 된디.

IDEA 180

유리 바닥과 루버로 빛과 소리를 전달한다

"거실이 2층에 있으면 딸들이 집에 들어오는 소리를 못 듣지 않을까요?"라고 걱정하는 부부를 위해 거실 바닥에 유리창과 목제 루버를 설치했다. 이 장치는 아래층으로 밝은 빛을 내려 주고 아래층의 소리와 기척을 위층에 전해준나. 냉난방을 할 때는 틈새가 없는 목제 뚜껑으로 바꿔 끼우면 된다.

IDEA 181

IDEA 182

아이 방 & 실내 테라스

IDEA 181 신나게 그네를 타는 큰 딸과 그 모습을 지켜보는 남편. 이곳은 "지붕 아래서 자전거 수리를 하고 싶다."는 남편의 요청에 따라 만들어진 실내 테라스다. 현관 오른쪽의 아이 방은 나중에 둘로 나누어 쓸 수 있다.

IDEA 182 안뜰 쪽으로 큰 창을 낸 개방적인 실내 테라스.

IDEA 183 현관 옆 벽에는 삼나무 비계를 재활용한 선반을 달아 취미활동에 필요한 아웃도어 용품을 수납하고 있다.

IDEA 183

Kids Room & Inner Terrace

Japanese room

IDEA 184

방

실내 테라스 안쪽의 계단 옆에 있는 방은 부모님이 방문하셨을 때 침실로 쓰인다. 이곳의 개구부는 통풍을 위한 작은 창과 안뜰을 향한 지창(地窓)뿐이다. 입구의 미닫이와 벽장의 문은 양면붙이기 마감으로 통일했다.

IDEA **185**

IDEA **186**

IDEA **187**

주방

IDEA 185 바닥 타일 색까지 부인이 직접 꼼꼼히 고른 주방. 선술집처럼 카운터에 앉아 금방 조리된 음식을 먹을 수 있다.

IDEA 186 계단 밑에는 식품과 과자를 보관하는 수납장이 있다.

IDEA 187 단정한 디자인의 상부 수납장. 문뿐만 아니라 손잡이까지 꼼꼼히 도장했다. 위의 빈 공간에는 식기나 잡화를 장식한다.

Kitchen

IDEA **188**

화장실

1층 화장실은 밝은 분홍색이다. 벽 위에 에멀션 페인트를 두 번 칠하고 그 위에 나비 스티커를 붙여서 마무리했다. "작은 공간이라서 최대한 화려하게 꾸몄어요(웃음). 화장실 청소는 항상 꺼려지게 마련이지만 이렇게 예쁘게 꾸며 놓으면 기분이 한결 나아지거든요." 라는 부인.

Restroom

건축가 정보

LEVEL Architects
도쿄도 시나가와구 오오이 1-49-12-305
Tel : 03-3776-7393 Fax : 03-6412-9321
E-mail : info@level-archetect.com
URL : http://www.level-architects.com

건축가 프로필

• **나카무라 가즈키 + 이즈하라 겐이치**
1973년 & 1974년생. 둘 다 나야 건축설계사무소를 거쳐 2004년 LEVEL Architects 공동 설립.

건축 개요

소재지 가나가와 현 가마쿠라 시
가족구성 부부 + 자녀 2명

부지면적 135.4㎡(41평)
바닥면적 121.7㎡(36.9평)
1층 바닥면적 66.64㎡(20.2평)
1층 바닥면적 55.06㎡(16.7평)

용도지역 제1종 주거지역
건폐율 47.6%
용적률 87%

설계기간 2011년 3월 ~ 2011년 8월
공사기간 2011년 9월 ~ 2012년 2월
시공 와이즈홈
총공사비 2,850엔

마감 & 주요 설비

외부 마감
지붕 FRP 방수
외벽 목재 패널

내부 마감
거실·식당
  바닥 떡갈나무 마루
  벽·천장 벽지

주요 설비기기 제조사
주방가구 제작 와이 크래프트(Y-Craft)
주방기기 하만(Harman)
      H&H 재팬
위생기기 토토(TOTO)
      릭실(LIXIL)
조명기구 파나소닉(Panasonic)
      고이즈미(KOIZUMI)

군마 현 | K 씨의 집

건물구조 단독, 목조 2층
가족구성 부부
부지면적 279.8㎡ (84.8평)
바닥면적 119.2㎡ (36.1평)
설   계 studio LOOP 건축설계사무소

사진 나카무라 가이 | 글 미야자키 히로코

낡은 창호를 활용하여 분위기 있는 공간으로

　K 씨의 거실과 식당에서는 무언가 아련한 기분이 느껴진다. 카페와 골동품 가게를 돌아다니는 것이 취미인 이 부부는 결혼 전부터 고가구와 창호를 사 모았다고 한다. 이 집의 주제는 '카페처럼 편히 쉴 수 있는 집'. 건축가는 '바닥을 고풍스럽게 꾸미고 싶다', '벽을 직접 칠하고 싶다'는 부부의 소망을 이루어 주었다. "이 유리문도 직접 리폼해 주신 거예요."라며 거실 창호를 가리키는 부인. 이런 낡은 창호와 가구에 맞춰 기둥과 벤치도 진한 밤색으로 칠했다. 이처럼 다양한 소재감과 색감이 합쳐진 결과 복고적이면서 현대적인 공간이 만들어졌다.

　이 집은 낮에는 햇빛이 들어와 환하지만 밤이 되면 분위기가 확 바뀐다. 불을 켜자마자 식당은 따뜻한 공기로 가득 찬다. 식사를 마친 후에는 각자 좋아하는 곳에서 푹 쉬기만 하면 된다. 이처럼 좋아하는 물건에 둘러싸여 살수록 집에 대한 애착은 강해지는 법이다. 이 집은 마음 놓고 쉴 만한 곳이 여기저기 흩어져 있는 치유의 공간이다.

고풍스러운 가구가 돋보이는
카페 같은 거실이 있는 집

소파, 벤치, 의자 등 거실과 식당에는 앉아서
쉴 곳이 많다. 부인은 녹색 소파, 남편은 낮은
테이블 옆의 의자에서 주로 휴식을 취한다.

식기와 유리잔이 오가는 작은 창

맞벌이를 하느라 집안일을 할 시간이 부족하므로 식기를 주고받기 편한 대면형 주방을 선택했다. 카운터가 달린 작은 창은 가족의 소통에도 큰 도움이 된다.

IDEA 191

IDEA 190

빛과 그림자가 아름다운 표정을 만들어내는 창가의 벤치 코너

남쪽에 큰 개구부가 있어 빛이 골고루 들어오는 거실. 2층 남쪽 바닥에 끼워진 강화유리는 1층으로 빛을 내려 준다. 여러 방향으로 들어온 빛은 서로 뒤섞여 아름다운 음영을 만들어낸다.

IDEA 193

여러 가지 부품을 합체시킨 스위치 플레이트

주방 바깥쪽 벽에 달린 5열 스위치는 다양한 제조사의 부품을 조합한 것이다. 내부 배선과 검정 스위치는 파나소닉, 스위치 플레이트는 미국에서 특별히 주문한 제품.

IDEA 192

컬러풀한 벽지로 침실에 재미를

2층 침실 벽면 전체를 녹색 계열로 교차시켜 도배하여 컬러풀한 재미를 더했다.

IDEA 194

나중에 홈 오피스로 변신할 서재

거실 옆은 서재다. 그래픽디자이너인 남편은
나중에 프리랜서로 독립하여 이 서재를 일터로
활용할 예정이다. 거실과 이어져 있어서 육아
도 무리 없이 병행할 수 있는 곳이다.

IDEA 195

IDEA 196

고가구에 맞추어 도색한 구조재

낡은 가구의 색감에 맞추어 기둥과 계단을 진
한 밤색으로 칠했다. 전통 가구인 낡은 서랍장
은 소파 옆에 두고 일용품을 보관한다. 서랍마
다 일일이 열쇠구멍을 달 만큼 정성껏 만들어
진 물건이다.

안이 훤히 들여다보이지 않는 고가구

TV 옆의 고풍스러운 가구는 간유리 덕분에 안이 훤
히 들여다보이지 않는 것이 매력적이다. 그 위에는 저
장용기와 시계 등 소품을 엄선해 진열했다. 자질구레
한 물건은 지나치게 많지 않은 선에서 신중하게 디스
플레이하는 것이 좋다.

IDEA 197

손님이 있을 때도 자유롭게 왕래할 수 있는 보조동선

나중에 홈 오피스를 차릴 때를 고려하여 공용으로 쓸 서재와 거실, 현관
과 주방, 그리고 복도와 2층의 사적 공간 사이의 보조동선까지 꼼꼼히 확
보했다. 덕분에 손님이 있더라도 모든 공간에 자유롭게 출입할 수 있다.

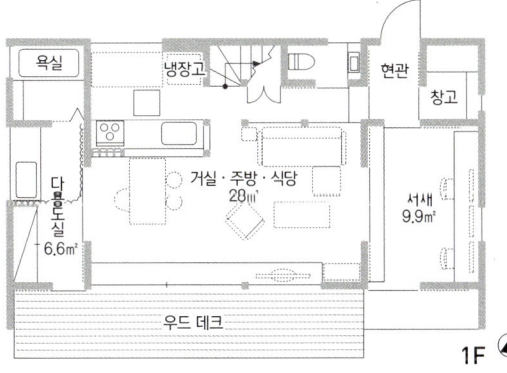
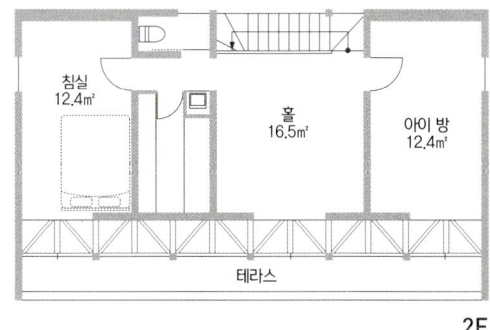

공간별 인테리어 아이디어

IDEA 198

바닥재를 식당 벽에도

주방에는 장식용 문을 달았다. "이 문에 어울리는 작은 창을 만들어 달라고 했어요."라는 부인. 주방 주변의 벽은 마룻바닥과 똑같은 목재로 마감한 후 흰색으로 칠하기만 했다. 흰색 페인트가 소재의 질감을 더욱 돋보이게 한다.

IDEA 199

소파의 녹색은 공간의 포인트

흰색과 밤색으로 가득한 공간에서 악센트로 활약하는 것이 저번 집에서부터 애용했던 녹색 소파다. 등 뒤의 폴리카보네이트 벽은 복도 쪽으로 거실의 빛과 소리를 전해 준다.

Living & Dining Room

IDEA 200

복고풍 창호를 리폼하여 재활용

오래된 가옥에서 나온 유리문을 리폼했다. 투명한 유리, 모래를 뿌려놓은 듯한 간유리, 가로무늬가 들어간 유리가 한꺼번에 쓰인 독특한 디자인이다. 이 문은 현대적인 가구와 어우러져 동서양이 융합된 듯한 불가사의한 매력을 자아낸다.

앤티크풍 바닥재도 직접 도장

IDEA 201

고재풍의 바닥재도 부부가 직접 찾아내고 투명한 오일로 직접 마감한 것. 이음새 없이 바닥재가 정연하게 이어진 모습은 어쩐지 낡은 목조 교실을 연상시킨다.

IDEA 202

벽에 직접 회칠을 하면서 추억을 만든다

부부는 벽에 회칠하는 일에도 직접 도전했다. 마감은 흙손 자국이 느껴지도록 일부러 거칠게 했다. 겨울바람이 몰아치는 중에 함께 작업했던 스튜디오 루프의 무라카미 마사루 씨가 지독한 감기에 걸렸던 것까지 이제는 그리운 추억이 되었다.

IDEA 203

Entrance &
Study room

IDEA 204

IDEA 205

현관과 서재

IDEA 203 잔잔한 음악이 흘러나오는 밝고 쾌적한 서재. 최근에 주문한 사무용 서랍장도 도착해서 점점 알차게 채워 가고 있다.

IDEA 204 현관과 서재는 평평하게 이어진다.

IDEA 205 서재에서 거실로 올라가는 발판 밑의 10cm 정도 되는 빈 공간은 슬리퍼 수납에 유용하다. "신발장을 만들까 생각도 했지만 지저분해지는 게 싫어서요."라며 웃는 부인.

IDEA 207

Kitchen

IDEA 206

주방

IDEA 206 찬장 오른쪽에는 자주 쓰는 식기를, 왼쪽에는 전자레인지와 식품을 보관한다.

IDEA 207 파스타 요리가 특기인 남편은 소스까지 직접 만드는 실력파다. "최근에는 우리 텃밭에서 수확한 가지로 볼로네제 파스타를 만들어 주더라고요."라는 부인. 주방의 찬장은 낡은 창호를 이용하여 제작한 것으로, 세로 사이즈를 냉장고와 맞추었다.

IDEA 208

Bedroom

침실

IDEA 208 문 뒤쪽은 장래의 아이 방. 계단 홀과 직접 연결된 가운데 의 빈 공간은 조만간 제2의 거실로 꾸며질 예정이라고 한다.

IDEA 209 바닥에 강화유리를 깐 2 층 남쪽 구역은 실내외를 연결하는 '툇마루'와 같은 존재다. 거실과 툇 마루 사이에는 폴리카보네이트 벽 을 세워 실내의 온습도가 쾌적하게 유지되도록 했다.

IDEA 209

서재

IDEA 210 목수가 직접 만든 심플한 세면 대를 중심으로 하여 널찍하게 만들어진 다용도실. 정원으로 직접 연결되는데다 야 외용품이나 정원에서 채취한 채소를 잠시 둘 수 있어서 편리한 곳이다. 오른쪽 수납 장에는 청소용품 등이 수납되어 있다.

IDEA 211 1층 현관 옆에 배치된 화장실에 도 밤색이 주로 쓰였다.

Toilet & Bathroom

IDEA 210

IDEA 211

건축가 정보

studio LOOP 건축설계사무소
군마현 오라군 이타쿠라정 아사히노 3-8-4
Tel&Fax : 0276-82-5730
E-mail : mail.@studioloop.net
URL : http://www.studioloop.net

건축가 프로필

오하시 다카히로, 구마자와 에이지, 나카자토 유이 치, 무라카미 마사루, 다베이 아키라
1979년 & 1980년생. 설계사무소와 주택회사 근무 를 거쳐 2007년 studio LOOP 건축설계사무소 공 동 설립. 건축과 부동산 등 각자의 전문분야에서 활 동 중.

건축 개요

소재지 군마 현
가족구성 부부
구조 및 규모 목조, 지상 2층

부지면적 279.8㎡ (84.8평)
바닥면적 119.2㎡ (36.1평)
1층 바닥면적 59.62㎜² (18.1평)
2층 바닥면적 59.62㎜² (16.7평)

용도지역 제1종 저층주거 전용지역
건폐율 24.89%
용적률 42.62%

건설기간 2010년 7월 ~ 2011년 6월
공사기간 2011년 7월 ~ 2012년 2월
시공 세키구치 건설
총공사비 2,600만 엔

마감 & 주요 설비

외부 마감
지붕 시트 빙수
외벽 낙엽송 판재 위에 목재 보호용 칙색 도료 도징

내부 마감
거실·식당
바닥 고재 가공된 삼나무 마루 위에 투명오일 도장
벽 회반죽, 일부는 백색 고재 가공한 삼나무 패널
천장 비닐 벽지

주요 설비기기 제조사
시스템 주방 다카라 스탠다드
위생기기 산와컴퍼니, 릭실(LIXIL)

PART 3

키워드로 살펴본
설계 아이디어

IDEA
212

도쿄 도 | T 씨의 집

건물구조 단독, 목조 2층
가족구성 부부
부지면적 70.6㎡ (21.3평)
바닥면적 56.4㎡ (17.1평)
설   계 세시모 설계

사진 나가노 가요 | **글** 마쓰자와 에리

KEY WORD
콤팩트 × 아트리움

넓은 아트리움 공간에서
휴일을 느긋하게 보내는 집

2층 거실 일부에 다락까지 뚫린 아트리움을 적용하여
개방감을 강조했다. 천장은 마감재를 생략하여 더욱
높이고 비용도 절감했다. 실링팬은 계단의 철제 난간과
잘 어울리는 검은색으로 선택했다.

리조트 분위기의 세련된 세면 코너

1층 세면 코너에서 맞은편 뜰이 보이도록 사각형 세면대 뒤에 유리벽을 세웠다. 또 실내 천장과 옥외 처마를 적삼목 패널로 연결함으로써 안팎의 연속성과 개방감을 강조했다.

돌과 철을 조합하여
소재의 질감이 풍성한 공간으로

거실 벽 일부를 천연 석판으로 마감했다. 측면의 강철판은 새시·실링팬과 같은 검은색으로 칠하여 풍부한 질감을 표현했다. 또 아트리움에 고창을 내서 빛을 끌어들이는 동시에 집 안에서도 하늘을 볼 수 있게 했다.

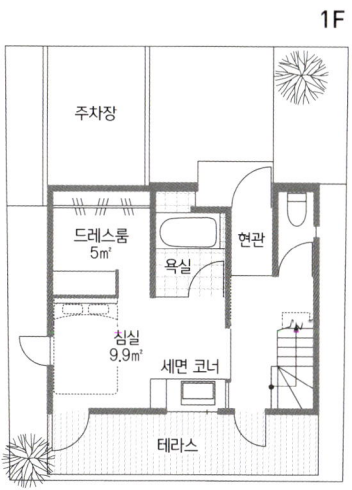

1F

2F

0.5m   2m
1m

여러 기능을 한곳에 집약하여
넓은 공간을 확보

넓지 않은 집이라서 공간을 구분하는 칸막이벽을 거의 쓰지 않았다. 그리고 1층에 세면실, 탈의실, 욕실, 침실을 한데 모으고 현관 및 계단까지 연결시켰다. 2층도 원룸으로 두고 거실에 아트리움을 만들어 개방감을 높였다.

IDEA
216

서로 마주보며 이야기꽃을 피우는 주방

주방가구는 '파일(FILE)'의 도쿄 메구로점에서 주문제작한 것. 자잘한 모자이크 타일과 대면식 카운터가 있어 세련된 카페처럼 느껴지는 주방이다. "손님을 대접할 때도 이야기하며 음식을 준비할 수 있어서 좋아요."라는 T 씨 부인.

주변 녹지와 개방된 입지를 활용한 휴식의 공간

　남쪽에는 넓은 녹지가 펼쳐져 있고 서쪽에는 테니스 코트가 있어서 시야가 탁 트인 T 씨의 집. 저층 주택이 모여 있는 차분한 환경이 마음에 쏙 든 T 씨는 이곳의 경치를 최대한 활용할 수 있는 집을 주문했다. 설계를 담당한 건축가 세시모 씨는 처음 이곳을 찾았을 때의 감상을 이렇게 말한다. "옛날 집의 2층에 올라갔더니 바람이 무척 잘 통하더군요. 고지대인데다 후지산까지 보이는 개방적인 곳이라서 쾌적한 집이 될 거라고 확신했습니다."

　이 집은 콤팩트한 외관과는 딴판으로 내부공간이 무척 여유로워 보인다. 자세히 살펴보니 1층은 방을 용도별로 나누는 일반적인 구조를 택하지 않고 세면실, 탈의실과 침실을 일체화했다. 게다가 미닫이를 열면 현관과 계단까지 하나로 합쳐지는 덕분에 협소함을 전혀 느낄 수 없다. 또한 바깥 풍경을 감상하며 느긋하게 목욕하고 싶다는 T 씨를 위해 세면 코너와 욕실에도 유리를 많이 썼기 때문에 초록이 우거진 풍경을 어디서나 만끽할 수 있다. 세면 코너는 고급스러운 디자인을 채택하여 리조트 호텔 같은 이국적인 분위기로 완성했다.

　여러 기능이 집약된 1층에 비해 2층은 여유로운 구조다. 높은 아트리움을 만들어 세로 방향의 개방성을 강화하고, 주변 녹지 너머로 후지산까지 보이는 창, 하늘이 보이는 고창 등을 효과적으로 배치하여 탁 트인 시야를 실현했다. 친구와 지인을 자주 초대하는 편이라서 대화하며 음식을 준비할 수 있는 대면식 주방도 마련했다.

　부부는 사진으로 보았던 외국의 집에 나무와 철, 돌이 조합하여 쓰인 것이 마음에 들었다며 '소재의 질감을 풍부하게 표현해 달라'고 요청했다. 그래서 적삼목 천장과 철제계단, 천연석 벽 등 다양한 소재를 배합하여 전부터 좋아하던 관엽식물과 아주 잘 어울리는 공간을 만들어냈다. "남편은 활동적이라 쉬는 날도 집에 가만히 있질 못했는데, 이제 마음에 딱 드는 집이 생기니 나가기가 싫은기 뵈요. 집에서 밥을 차려서 느긋하게 먹는 게 좋다고 하네요." 부인의 말에서 새 집에 대한 깊은 만족감이 느껴진다.

IDEA 218

천연석의 역동적인 표정을 인테리어의 악센트로

거실 벽에 천연 석판을 붙인 뒤 조명을 달아 독특한 무늬를 강조했다. 석판의 복잡하고 유기적인 무늬가 담백한 인테리어에 내추럴한 분위기를 더한다.

IDEA 217

맞춤 제작한 벽면 수납장에 소장품을 진열

거실에는 음악을 좋아하는 남편의 CD를 전시하며 보관할 '벽면 수납장'을 설치했다. 기본 소재로는 바닥재와 똑같은 떡갈나무가, 마감재로는 직선적인 나뭇결이 아름다운 화장합판이 쓰였다. 높이 10m 정도의 하부 공간에는 스피커와 벽면 설치형 오디오, TV 주변 케이블을 수납했다. 복잡한 케이블을 감추어 공간을 깔끔하게 만드는 것도 집을 넓게 쓰는 요령 중 하나다.

IDEA 219

IDEA 220

풍성한 자연을 거실로 끌어들이는 전면창

남쪽에 넓게 펼쳐진 녹지를 자기 뜰처럼 감상할 수 있는 것이 이 집의 매력이다. 거실의 전면창은 마치 초록색 풍경을 커다랗게 잘라낸 액자 같다.

주방에서 일하면서 경치를 즐기는 집

거실의 코너창은 후지산이 잘 보이는 위치에 만들었다. 주방가구 역시 음식을 준비하거나 뒷정리를 하면서 창밖을 바라볼 수 있도록 배치되었다.

IDEA 221

수납이 특히 편리한 주방

쓰레기통을 두기 위해 싱크대 하부는 비워놓고, 싱크대 앞쪽에는 행주와 도마를 거는 봉을 달았다. L자형 주방 카운터 안의 스테인리스 선반은 앞부분을 살짝 잡아당기기만 해도 끄집어낼 수 있어서 물건을 넣고 빼기 편리하다.

IDEA 222

소재의 매력이 돋보이는 계단

철의 순수한 질감과 섬세한 실루엣이 매력적인 골조 계단. 저렴하면서 튼튼한 고무나무 집성재를 철판으로 고정시켜 만들었다. 디딤판 색을 바닥과 통일하여 주변 인테리어와의 조화를 꾀했다.

IDEA 223

후지산이 보이는 지붕 테라스

다락에서 이어지는 지붕 테라스. 주위에 높은 건물이 없어서 불꽃놀이까지 볼 수 있다고 한다. 테니스 코트 옆이라 이웃한 집이 없으므로 친구들과 마음껏 바비큐를 즐길 수도 있다.

IDEA 224

인테리어와 소재를 통일하여 따스한 분위기로

현관 주변에도 내부 인테리어와 같은 소재를 사용했다. 강철 문은 실내 계단 등과 똑같은 검은색으로 칠하고 주위에는 적삼목 패널을 빙 둘러 붙였다.

IDEA 225

사각형의 도시적인 외관

이 집은 밖에서 보면 단순하고 네모반듯한 흰 상자처럼 보인다. T 씨가 아끼는 자동차와 건물의 디자인이 잘 어울려서 만족스럽다. 외벽은 내구성이 뛰어난 졸리 패트로 마감했다.

IDEA 226

문과 커튼으로 분위기를 전환하는 침실

침실은 세면실, 현관홀과 한데 이어져 있지만 침실과 세면실 사이에 커튼을 치거나 침실과 현관홀 사이의 미닫이를 닫으면 공간을 분리 할 수 있다. 천장은 적삼목으로 마감하여 자연스러운 느낌을 냈다.

IDEA 227

더없이 유용한 대형 옷장

침실 안쪽에는 의류 등을 한데 수납할 수 있는 드레스룸이 있다. 폭과 깊이에 여유가 있어서 옷 이외에 부피 큰 생활 용품을 수납하는 데에도 편리하다.

IDEA 228

비일상적 공간에 잘 어울리는 수납장

호텔 같은 비일상적 디자인을 추구 하면서도 기본적인 편의성을 놓치 지 않은 세면 코너. 유리에 고정되 어 공중에 떠 있는 듯 보이는 수납 장 안에는 자질구레한 물건들이 수 납되어 있다. 장은 적삼목으로 마감 하여 자연스러운 느낌을 주었다.

IDEA 229

일어나자마자 세안할 수 있는 편리한 구조

밖의 경치를 바라보며 노천욕 기분을 즐기고 싶다는 요청에 따라 욕실 칸막이를 유리로 처리했다. 덕분에 입욕 중에도 세면 코너 너머로 푸르른 풍경을 바라볼 수 있다.

IDEA 230

유리 욕실에서 노천욕 기분을

2층은 세면·탈의실, 욕실, 침실이 한데 모여 있어 면적이 실제보다 훨씬 넓게 느껴진다. 일상적인 잡다함을 배제한 스타일리시한 세면대는 청결한 느낌이 강해서 침대 곁에 있어도 전혀 찜찜하지 않다. 세탁기는 계단 밑 공간에 설치했다.

건축가 정보

세시모 설계
도쿄도 네리마구 도요타마키타 1-7-4
Tel : 03-6314-1338 Fax : 03-6322-5573
E-mail : mail@seshimos.com
URL : http://www.seshimos.com

건축가 프로필
• 세시모 나오키 + 세시모 준코
1974년 & 1972년생. 각각 미국 대학에서 공부하고 해외 근무를 경험한 후 2008년 세시모 설계 설립.

건축 개요

소재지 도쿄 도
가족구성 부부

부지면적 70.6㎡ (21.3평)
바닥면적 56.4㎡ (17.1평)
1층 바닥면적 27.39㎡ (8.3평)
1층 바닥면적 29.04㎡ (8.8평)
다락 바닥면적 8.7㎡ (2.6평)
　　　　　　　　전체 바닥면적에 포함되지 않음.
용도지역 제1종 저층주거 전용지역
건폐율 40%
용적률 80%

설계기간 2012년 2월 ~ 2012년 7월
공사기간 2012년 8월 ~2013년 1월

마감 & 주요 설비

외부 마감
지붕 세라믹 타일
외벽 졸리패트 분사

내부 마감
거실
바닥 마루
벽 아크릴 에멀션 페인트(일부 천연석판 부착)
천장 구조용 합판 노출

주요 설비기기 제조사
주방가구 제작 파일(FILE)
욕실, 위생기기 티폼(T-form)
조명기구 오델릭(ODELIC)
　　　　　　파나소닉(Panasonic)
　　　　　　다이코(DAIKO)

도쿄 도 | K 씨의 집

건물구조 단독
철근콘크리트구조 4층 건물
가족구성 부부 + 자녀 2명 + 부모
부지면적 96.8㎡ (29.3평)
바닥면적 215.9㎡ (65.4평)
설　계 APOLLO 일급건축사사무소

사진 이치이 료 | **글** 모리 세이카

KEY WORD
도시형 × 4층 건물

천창에서
빛이 쏟아지는
도심의 집

부지는 동서로 긴 직사각형. 거실·주방·식당은
부지의 형태에 따라 길게 만들고 아트리움으로
상하의 개방감을 강조함으로써 여유로운 공간을
실현했다. 또 거실 한쪽 벽에 큰 창을 내고 창 하
부의 벽을 유리블록으로 채워서 외부 시선을 차
단하는 동시에 개방감을 확보했다.

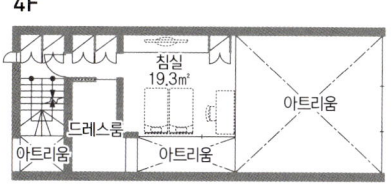

IDEA 232

천장에 경사를 주어
공간이 바깥쪽으로 열리도록

거실의 천장을 창 쪽으로 갈수록 높여
서 거실 창이 하늘을 향한 천창을 겸
하도록 했다. 또 물푸레나무를 밤색으
로 칠해 만든 맞춤 수납장에 책과 장식
품 등을 진열함으로써 단조로운 공간
에 컬러풀한 색감을 더했다.

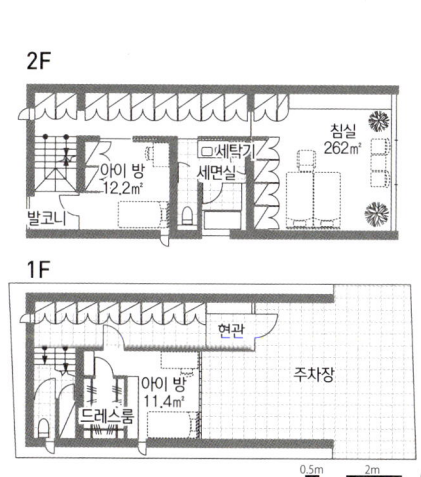

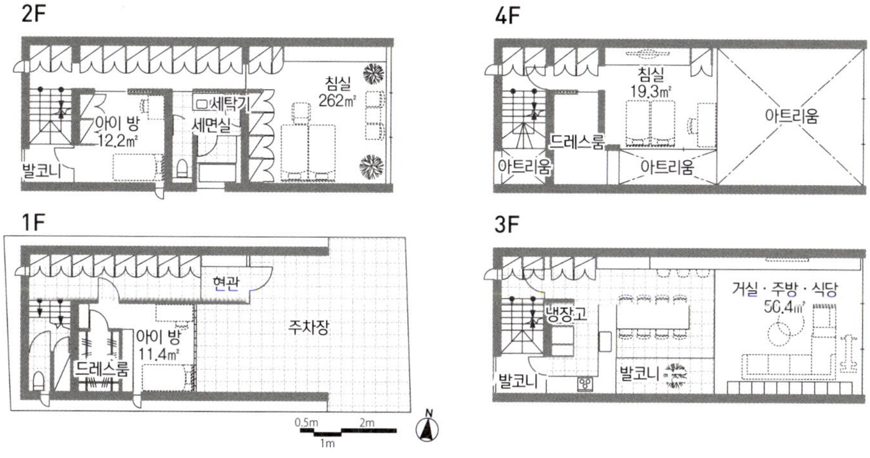

2F

발코니
아이 방
12.2㎡
□세탁기
세면실
침실
262㎡

1F

현관
아이 방
11.4㎡
드레스룸
주차장

0.5m 2m
1m

4F

아트리움
드레스룸
아트리움
침실
19.3㎡
아트리움

3F

발코니
냉장고
거실·주방·식당
56.4㎡
발코니

IDEA 233

중층 건물을 지어서 확보한
여섯 식구의 주거공간

부지는 도쿄 도심 치고는 일반적인 면
적이지만 주거공간이 넓었으면 좋겠다
는 K 씨의 희망에 따라 4층 건물로 짓
게 되었다. 구성 면에서는 3층의 거실·
주방·식당을 중심으로 1, 2, 4층에 각각
의 방을 배치했다.

IDEA
235

부모님의 공간은 원목 마루로 온화한 느낌을

2층은 부모님의 공간이다. 이곳의 바닥재로는 3층 거실·주방·식당의 자기타일과는 정반대로 부드럽고 따뜻한 느낌을 내는 원목을 사용했다. 또 외부의 빛을 되도록 많이 끌어들이기 위해 개구부 아래의 벽면에 경사를 주었다.

IDEA
236

편의성과 미관을 겸비한 주방

스테인리스제 주방가구에는 표면에 이물질이 잘 들러붙지 않는 헤어라인 가공이 되어 있다. 주방은 L자형 구조라서 가사 동선이 원활하다. 오븐과 냉장고를 빌트인으로 처리한 덕분에 개방적이면서도 깔끔한 공간이 완성되었다.

IDEA
234

채광을 위해 만든 정원이 만들어낸 풍성한 생활

거실·주방·식당은 빛을 끌어들이기 위한 정원(광정 光井)을 둘러싸는 형태로 만들어져 있다. 빛은 거실의 큰 창뿐만 아니라 이 광정에서도 듬뿍 들어온다. 바람까지 솔솔 부는, 실외이면서도 실내인 중간적 영역이다.

면적에 변화를 주어 거실과 주방, 식당을 널찍하게

K 씨 가족이 남편의 부모님과 함께 생활하는 곳은 도쿄 도심의 화려함과 상업가의 쾌적함이 공존하는 지역이다. "해외에 오래 살았기 때문에 넓은 집을 원했어요."라는 부인. 콘크리트조의 예리한 디자인을 선호하여 설계자로 구로사키 사토시 씨를 선택했다.

구로사키 씨는 면적을 최대한 확보하기 위해 건물을 4층까지 계획했다. 덕분에 3층에 넓은 거실과 주방, 식당을 만들 수 있었다. 아트리움으로 상하 방향의 공간을 확보하고 동서로 긴 부지의 형태를 활용하여 가로 방향의 여유를 확보한 거실. 널찍한데다 큰 창이 있어 해도 무척 잘 드는 이곳은 6명의 가족이 한데 모이는 가족실이 된다.

식당과 주방의 천장을 낮춘 덕분에 아트리움이 있는 거실의 개방감은 한층 더 강해졌다. 또 구로사키 씨는 공간을 흑백으로 정돈하여 부부가 좋아하는 감각적인 인테리어가 돋보이도록 했다.

휴일에는 친구들도 자주 모여서 떠들썩한 웃음소리가 끊이지 않는 K 씨의 집. 온 가족이 여유롭게 지낼 수 있는 매력적인 공간이다.

두 층을 연결하는 거실의 아트리움

아트리움은 거실을 더 널찍하게 만드는 장치다. 또 유리 너머로 3층의 거실·주방·식당과 4층의 침실을 연결하는 장치이기도 하다. 덕분에 서로가 다른 층의 상황을 자연스럽게 알 수 있다.

IDEA
239

가구를 연속시켜 널찍함을 강조한다

거실·주방·식당의 북쪽 벽면에는 책상과 TV장을 합친 가구가 놓여 있다.
가로로 긴 가구의 시각적 효과 덕분에 공간이 더욱 길쭉하고 넓어 보인다.

IDEA
238

도심 속에서도 하늘을 만끽하는 넓은 테라스

맨 위층에는 데크 테라스가 있다. 이 일대에 고층 건물
이 그다지 많지 않은 덕분에 도심 한가운데서도 하늘을
바라보는 사치를 누릴 수 있는 곳이다.

IDEA
240

광정 덕분에 개방감을 누리는 주방

주방 앞에 광정이 있는 덕분에 조리를 하면서도 개방적인
기분을 맛볼 수 있다. 맞은편 책상에서 공부하는 아이들
과 대화를 나누기도 편하다.

IDEA
241

복도를 활용한 옷장

4층 침실에 딸린 옷장. 침실
에서부터 복도, 유리문 밖의
계단실까지 이어져 있어서
수납공간이 넉넉하다.

IDEA
242

IDEA
243

탁 트인 느낌의 침실

4층의 침실은 3층의 거실·주
방·식당과 유리창을 통해 이
어지는 한편, 3층의 광정과도
이어져 있다. 면적은 넓지
않지만 바깥쪽으로 시야가 열려
있어서 탁 트인 느낌이다.

원활한 외출 준비를 돕는 두 개의 세면대

온 가족이 함께 쓰는 욕실이라서 세면대가 둘이
다. 산뜻한 파란색의 길쭉한 타일은 욕조 옆의 벽
에도 쓰여서 산뜻한 느낌을 낸다.

벤치와 거울이 구비된 기능적 현관

입구 벽면에는 코트 수납용 벽걸이를 달고 그 아래에 신발장과 같은 소재의 벤치를 설치했다. 신발장 끝에는 거울이 달려 있어서 외출 준비를 깔끔하게 마칠 수 있다.

IDEA 244

온 가족의 신발을 수납하는 대용량 신발장

1층 복도의 한쪽 벽은 신발장으로 채워져 있다. 전부 밋밋한 흰색이지만 중간 부분의 장식공간이 눈요깃거리를 제공한다.

IDEA 245

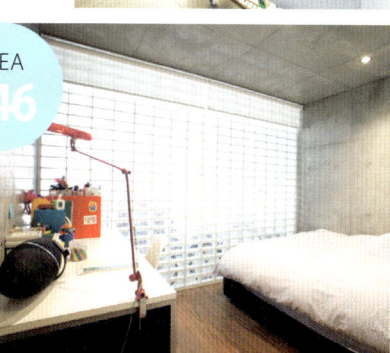

IDEA 246

IDEA 247

방범 기능과 채광 기능을 양립시킨 유리벽

1층 아이 방의 벽은 유리블록으로 채웠다. 채광 기능과 방범 기능을 양립시키면서 이후에 용도 변경도 수월하게 하기 위해서다.

아래층으로 빛을 전달하는 계단

대부분이 콘크리트 벽으로 둘러싸인 계단실. 세로 챌판이 없는 형식이라서 한쪽 벽에 설치된 창으로 들어온 빛이 아래층까지 전달된다.

IDEA 248

IDEA 249

거리의 악센트로 활약하는 단아한 외관

가로 방향의 유리블록과 새시, 천창이 조합된 외관은 거리를 지나는 사람들의 시선을 끌기에 충분하다. 사선으로 처리된 차고 위의 벽면은 천창 부분과 조화를 이루며 거리의 풍경에 재미를 더해준다.

남는 공간에 화장실과 창고를

1층 현관에서 반 층 내려간 곳에 화장실과 창고를 만들었다. 창고에는 취미에 필요한 골프용품과 계절용품 등 다양한 물건이 보관되어 있다.

건축가 정보

APOLLO 일급건축사사무소
도쿄도 지요다구 니반정 5-25 니반초테라스 1101
Tel : 03-6272-5828   Fax : 03-6272-5825
E-mail : info@kurosakisatoshi.com
URL : www.kurosakisatoshi.com

건축가 프로필
• 구로사키 사토시
1970년 이시카와 현 출생. 세키스이 하우스,
FORME 일급건축사사무소를 거쳐 2000년
APOLLO 일급건축사사무소 설립.

건축 개요

소재지 도쿄 도
가족구성 부부 + 자녀 2명 + 부모
구조 및 규모 철근콘크리트구조, 지상 4층 건물
부지면적 96.8㎡ (29.3평)
바닥면적 215.9㎡ (65.4평)
1층 바닥면적 38.3㎡ (11.6평)
2층 바닥면적 70.5㎡ (21.4평)
3층 바닥면적 65.2㎡ (19.8평)
4층 바닥면적 34.4㎡ (10.4평)
용도지역 상업지역
건폐율 74.92%
용적률 212.46%
설계기간 2009년 12월 ~ 2010년 6월
공사기간 2010년 12월 ~ 2011년 8월
시공 마에카와 건설

마감 & 주요 설비

외부 마감
지붕 시트 방수 단열접착 공법
외벽 조인트V + 하이드로텍트 컬러코트

내부 마감
거실·주방·식당
　바닥 모르타르 타설 후 미장 + 왁스(거실)
　　　600×600mm 규격 자기타일(식당·주방)
　벽·천장 화장 콘크리트 노출

주요 설비기기 제조사
욕실·위생기기 이낙스(INAX)
　　　　　　칼데바이(Kaldewei)
주방기기 아에게(AEG), 하만(Harman)
조명기구 DN 라이팅, 막스레이(MAXRAY)
　　　　오델릭(ODELIC), 다이코(DAIKO)
　　　　엔도(ENDO)

나가노 현 | 스가와라 씨의 집

건물구조 **단독, 철근조 2층**
가족구성 **부부**
부지면적 **1,550㎡ (469.7평)**
바닥면적 **118.2㎡ (35.8평)**
설   계 **스튜디오 시냅스**

사진 미즈타니 아야코 | 글 마쓰바야 히로미

KEY WORD
교외형 × 단층

원룸형 거실·주방·식당에서
풍성한 숲을 만끽하는 집

개방형 거실·주방·식당이지만 부지의 형태에 맞추어
공간별로 각도와 바닥 높이에 변화를 주는 동시에 풍
성한 자연을 실내로 끌어들여 역동적인 느낌을 냈다.
역동성을 더하는 천장의 마감재는 삼나무 패널.

시간이 갈수록 아름다워지는 떡갈나무 주방

IDEA 251

남편의 주문으로 바닥에 떡갈나무 원목마루를 깔았다. 주방과 식탁까지 소재를 통일했더니 주방이 세븐체어와 아주 잘 어울리는 부드러운 분위기로 완성되었다. 식탁은 길이 210cm로 큼직한 것을 골랐다.

IDEA 252

1층과 이어진 부인의 공간

2층에는 나중에 아이 방으로 쓰기 위한 공간이 있다. 독립된 방이긴 하지만 1층과 연결된 개방형 구조다. 지금은 부인이 취미인 재봉을 즐기는 곳이다.

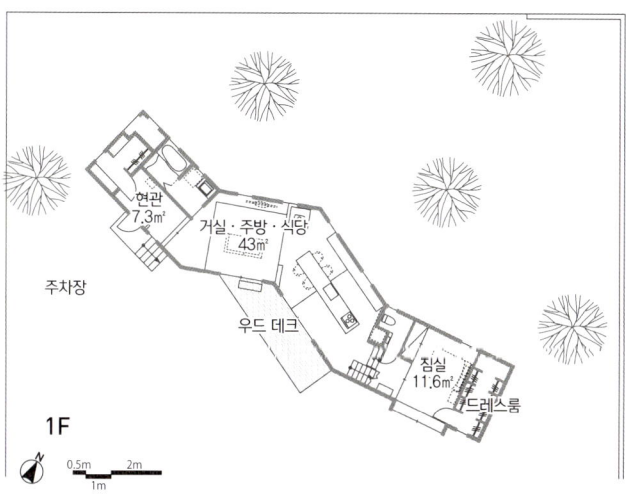

현관
7.3㎡

거실·주방·식당
43㎡

주차장

우드 데크

침실
11.6㎡

드레스룸

1F

0.5m 2m
1m

IDEA 253

각도를 바꾸어 변화를 준 원룸형 거실·주방·식당

현관에서 거실과 식당, 주방을 거쳐 침실까지, 1층 전체가 칸막이 없이 이어진 원룸이지만 각 구역의 각도를 조금씩 바꿈으로써 공간을 구분했다. 2층 역시 1층과 연결되어 있어 집 전체가 상하좌우로 통합된 원룸인 구조다.

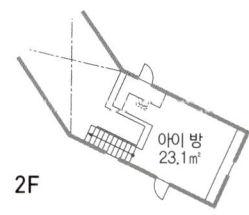

아이 방
23.1㎡

2F

IDEA
254

자연을 가까이 끌어당기는 창

남쪽에는 빛과 바람을 최대한 끌어들이는 큰 창
을 설치하고 북쪽에는 액자처럼 경치를 담아내는
자그마한 창을 설치했다.

바닥 높이와 각도를 달리하여 공간을 구분한 설계

조용한 숲에 딱따구리가 나무를 쪼는 '딱딱딱' 소리가 메아리친다. 스기와라 씨의 집은 이처럼 자연환경이 뛰어난 일본 최대의 별장 지역에 위치해 있다.

건물은 검정색의 길쭉한 외관이 인상적이며 내부에는 나무의 질감이 느껴지는 따스한 공간이 펼쳐져 있다. 구조로 보면 현관에서 거실과 주방, 그리고 침실까지 모든 공간이 연속되어 있지만 각 구역의 각도와 바닥 높이를 조금씩 바꾸어 배치함으로써 공간을 부드럽게 구분했다. 이것은 부지가 경사져 있는 덕분에 가능했던 아이디어다. 설계를 담당한 우에키 미키야 씨는 부지와 주위 환경을 꼼꼼히 살펴보고 이와 같은 설계를 제안했다.

스가와라 씨의 집은 천장 높이도 특별하다. 가장 높은 부분은 무려 5m가 넘는다. 덕분에 부드러운 분위기 속에서도 역동적인 힘이 느껴진다. "구불구불 구부러진 설계가 독특해서 다른 집에 없는 재미가 있어요."라는 남편. 새로 완성된 집을 무척 마음에 들어 한다.

그리고 스가와라 씨는 이 개성적인 공간에 마지막 회심의 인테리어를 도입했다. 바닥과 붙박이 가구의 소재를 떡갈나무로 통일하고 주방과 식탁도 같은 소재로 제작한 것이다. 이처럼 부드러운 분위기로 정돈된 공간 속에 아끼는 소파와 장작난로를 배치하여 일상생활을 즐길 수 있는 집을 완성했다.

이 집에서는 주위에 펼쳐진 풍성한 자연과 늘 함께할 수 있다. 창문은 경치를 잘라낸 액자처럼 사계절에 걸쳐 변화하는 나무의 모습을 담아낸다. 시시각각 표정이 바뀌는 빛을 즐기고, 계절별로 옷을 갈아입는 나무의 모습을 감상할 수 있는 이 집은 부부의 생활을 더없이 풍성하게 채워준다.

IDEA
255

따스하고 차분한 분위기의 침실

1층의 동쪽 끝에 침실을 배치했다. 현관에서 거실
과 주방을 지나 침실까지, 모든 공간이 칸막이 없
이 연결되어 있다. 그러나 언제나 열려 있는 계단
과는 달리 침실은 미닫이로 분리할 수 있다. 침대
는 우에키 씨가 디자인한 오리지널 제품이다.

다양하게 쓰이는 현관 봉당

현관은 일부러 평평한 봉당으로 마감했다. 단순한 출입구가 아니라 좋아하는 잡화를 장식하거나 식물을 두는 등 다양하게 활용되는 공간으로 만들기 위해서다.

좋아하는 작품을 장식하기 위한 아이디어

현관 봉당의 벽에 선반 레일을 매립하여 좋아하는 그림을 장식했다. 이 레일에는 선반을 설치하거나 자전거를 고정하기도 쉽다. 취미를 즐기기 위한 아이디어다.

널찍한 신발장으로 현관을 깔끔하게

겨울에 눈이 많이 오는 지역이라서 젖은 신발과 코트를 보관할 곳이 필요했다. 그래서 현관 봉당 옆에 커다란 신발장을 설치하여 현관을 깔끔하게 유지하도록 했다.

장인이 솜씨가 돋보이는 마루

손으로 하나하나 깔아 완성한 폭 넓은 떡갈나무 판재의 원목마루는 수작업이 얼마나 아름다운지 보여준다. 벽은 바닥에서 약간 띄워서 걸레받이를 대체할 수 있도록 했다.

깔끔한 느낌의 심플한 화장실

침실 옆에 설치된 화장실. 널찍한 공간에 큰 거울과 심플한 세면대를 배치하여 청결감을 강조했다.

우드 데크는 또 하나의 거실

날씨가 좋을 때면 종종 데크에서 점심을 먹거나 티타임을 즐긴다. "창을 열면 실내외의 경계가 모호해져서 이곳이 실외 거실처럼 느껴져요."

IDEA 262

삼각 천장이 자아내는 사랑스러운 분위기

장래에 아이 방으로 바꿀 공간. 천장이 높은 1층과는 달리 차분한 분위기다. 흰색의 삼각 천장과 자그마한 창이 사랑스러움을 더한다. 주문제작한 벤치는 좌식 책상으로도 쓸 수 있다.

IDEA 263

상하층을 연결하는 경쾌한 디자인의 계단

2층의 방과 1층을 연결하는 계단은 가볍고 슬림한 디자인이라서 시야를 차단하지 않는다. 사진 안쪽에는 침실이 있고 왼쪽 문 뒤에는 화장실이 있다.

IDEA 264

숙면을 유도하는 온화한 분위기의 침실

침실은 이 집에서 유일하게 천장 높이를 220cm까지 낮춘 공간이다. 키가 큰 남편이 답답하지 않을지 걱정했지만 실제로 생활해 보니 아늑한 느낌이어서 기분 좋게 잠들 수 있다고 한다. 나지막한 창도 차분한 인상을 더해서 전체적으로 온화한 공간이 되었다.

자연을 느끼며 일하는 기분 좋은 주방

주방 앞에 큰 창을 설치하여 주부가 집안일을 하며 바깥을 바라볼 수 있게 했다. 볕이 잘 들어서 겨울에도 집 안이 따뜻하고 여름에 창을 완전히 열어서 통풍을 시키면 공간이 쾌적하다.

IDEA 265

IDEA 266

고품질의 주문제작 주방

바닥재와 같은 떡갈나무 소재의 주방가구는 세로 80cm로 넉넉한 크기다. 수납량과 편의성을 고려했을 뿐만 아니라 색과 질감, 디자인에도 심혈을 기울인 작품이다.

IDEA 267

IDEA 268

IDEA 269

온화한 느낌의 장작 난로 설치

따뜻한 불을 바라보면서, 타다닥 장작이 타는 소리를 즐기고 싶다는 주인의 요청으로 장작 난로를 설치했다. 세련된 형태가 아름다운 장작 난로는 덴마크의 '스캔(SCAN)' 제품.

버리는 것에 맞게 기능적으로

아일랜드 키친 측면에 야트막한 수납공간을 만들어 잔이나 컵 등을 보관한다. 사용하기에 편리한 수납 계획이 오픈 키친을 만든다.

나뭇결이 아름다운 낙엽송을 사용

외벽에 나무를 썼으면 좋겠다는 남편의 희망에 따라 낙엽송을 수작업으로 하나하나 정성껏 붙였다. 수작업 특유의 높은 완성도 덕분에 아름다운 외관이 완성되었다. 존재감이 강한 이 나무는 예전부터 이곳에 있었던 적송이다.

건축가 정보	건축 개요	마감 & 주요 설비

스튜디오 시냅스
도쿄도 지요다구 니반정 5-25 니반초테라스 1101
Tel : 03-6272-5828   Fax : 03-6272-5825
E-mail : info@kurosakisatoshi.com
URL : www.kurosakisatoshi.com

건축가 프로필

• 우에키 미키야 / 우에키 사오리
1966년 & 1976년생. 2000년 스튜디오 시냅스 설립. 마에바시 공과대학 강사로 근무 중.

소재지 나가노 현
가족구성 부부
구조 및 규모 철골조, 지상 2층
부지면적 1,550㎡(469.7평)
바닥면적 118.2㎡(35.8평)
1층 바닥면적 93.2㎡(7.6평)
1층 바닥면적 25㎡(10.4평)
용도지역 도시계획구역 내, 구역구분 비설정 지역
건폐율 6.04%
용적률 7.62%
설계기간 2009년 11월 ~ 2011년 5월
공사기간 2011년 6월 ~ 2012년 7월
시공 오오이 건설공업

외부 마감
지붕 갈바륨 강판 평이음
외벽 낙엽송 판재 위에 라데코 오일 스테인 도장

내부 마감
거실·주방·식당, 방
  바닥 떡갈나무 원목마루
  벽 독일산 회반죽
  천장 삼나무 판재 위에 오일 스테인 도장

주요 설비기기 제조사
주방 설비기기 피나소닉(Panasonic)
욕실, 위생기기 릭실(LIXIL)
조명기구 후타가미(FUTAGAMI)
  파나소닉(Panasonic)

우거진 숲의 차경과 하나가 된 집

도쿄 도 | T 씨의 집

건물구조	단독, 목조 2층
가족구성	부부 + 자녀 2명
부지면적	96.1㎡ (29.1평)
바닥면적	115.6㎡ (35평)
설 계	히코네 아키라
	히코네 건축설계사무소

사진 나가노 가요 | 글 마쓰카와 에리

KEY WORD
차경 × 2층 거실

거실과 식당의 큰 창을 가장 중요하게

"히코네 씨의 목제 새시는 창이 균형 있게 배분되어 있어서
좋아요."라는 부인. 집의 핵심 요소인 개구부 역시 심혈을
기울여 세심하게 디자인했다. 여기서 열리는 창은 오른쪽
의 두 개뿐이지만 북쪽의 작은 창을 함께 열면 통풍 효과는
충분하다. 손님이 오신 날은 식당에서 식사하며 이야기하
는 시간이 길어지므로 거실보다 식당을 더 넓게 만들었다.

IDEA 271

요리 교실의 스튜디오를 겸하는 주방

주방은 부인이 운영하는 요리 교실의 스튜디오로도 쓰이므로 큰 작업대를 설치하여 많은 사람이 어려움 없이 동시에 조리할 수 있도록 했다. 청록색을 주로 사용한 것에서 부인의 감각을 엿볼 수 있다.

IDEA 272

거실·식당과 주방을 분리시키는 미닫이

요리할 때의 소리나 냄새가 거실로 흘러들어가지 않도록 하기 위해 미닫이를 설치했다. 이 미닫이는 상부를 유리로 처리한 덕분에 닫아 두어도 그다지 답답해 보이지 않는다. 악센트 컬러인 진청색 문이 산뜻해 보인다.

다락

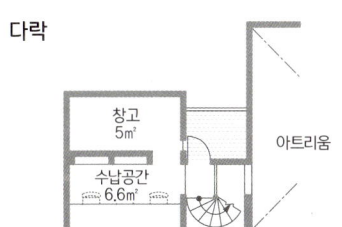

2F

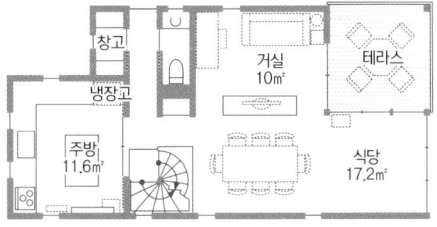

1F

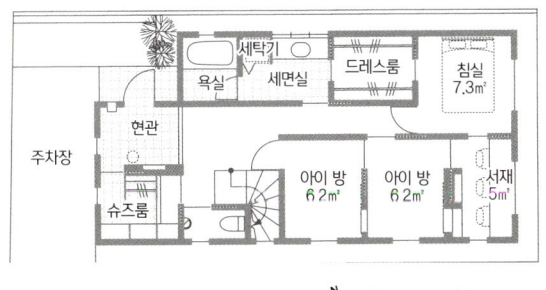

IDEA 273

필요에 따라 여유롭게 또는 알차게

부지 동쪽에 펼쳐진 녹지를 최대한 즐기기 위해 2층의 거실·주방·식당에 큰 개구부를 만들고 면적도 넉넉하게 한 애했다. 반면 1층에는 방과 화장실을 콤팩트하게 모았다. 또 현관과 홀은 여유 면적을 확보해서 널찍하게 만들었다.

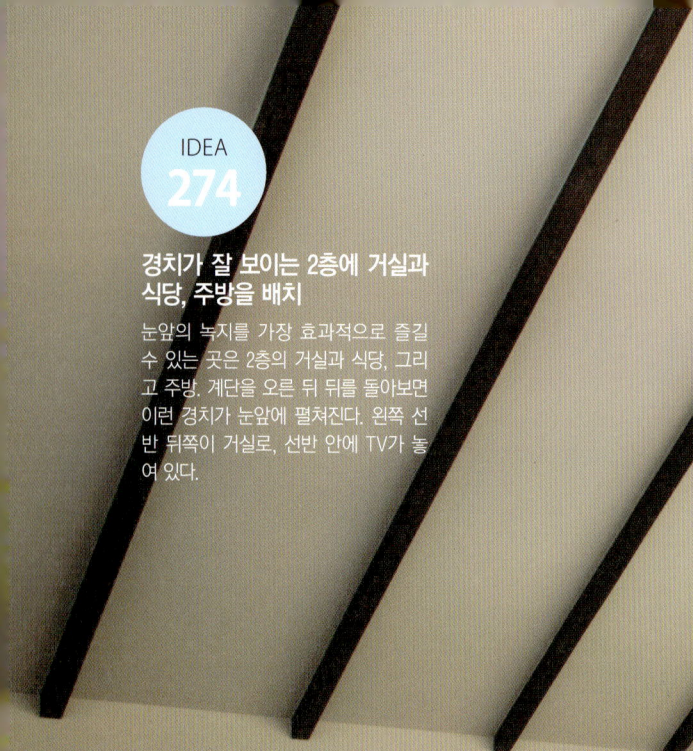

IDEA
274

경치가 잘 보이는 2층에 거실과 식당, 주방을 배치

눈앞의 녹지를 가장 효과적으로 즐길 수 있는 곳은 2층의 거실과 식당, 그리고 주방. 계단을 오른 뒤 뒤를 돌아보면 이런 경치가 눈앞에 펼쳐진다. 왼쪽 선반 뒤쪽이 거실로, 선반 안에 TV가 놓여 있다.

풍성한 자연의 경치를 생활 속으로

도심 주택지에 위치한 T 씨의 집 동쪽에는 지자체가 관리하는 녹지가 펼쳐져 있다. 차경이 있는 부지를 찾기 시작한 지 3년 만에 운 좋게 발견한 이상적인 땅이다. 땅을 찾으면서 건축가도 알아본 결과, 차경을 활용한 절묘한 설계가 특기인 히코네 아키라 씨를 만날 수 있었다.

자연의 풍경을 '가장 잘 만끽할 수 있는 곳은 거실과 식당이 있는 2층이다. 천장 높이가 최대 4m나 되는 아트리움 식당은 동쪽 벽 전체가 유리창이다. 목제 틀 속의 아름다운 나무와 하늘은 자신이 도심에 있다는 사실조차 잊게 만든다. 넓은 테라스 역시 겨울에도 볕을 쬐며 식사를 즐길 수 있을 만큼 쾌적하다.

그런가 하면 천장에 일정한 간격으로 나열된 서까래는 높은 아트리움에 소박하고 따스한 분위기를 더한다. 원래는 서까래를 하얗게 칠할 예정이었지만 공사 현장을 방문한 부인이 시공 도중에 노출된 서까래의 모습에 매료되어 디자인 변경을 제안했다. 이처럼 부인이 집 짓기에 얼마나 적극적으로 참여했는지 알 수 있다.

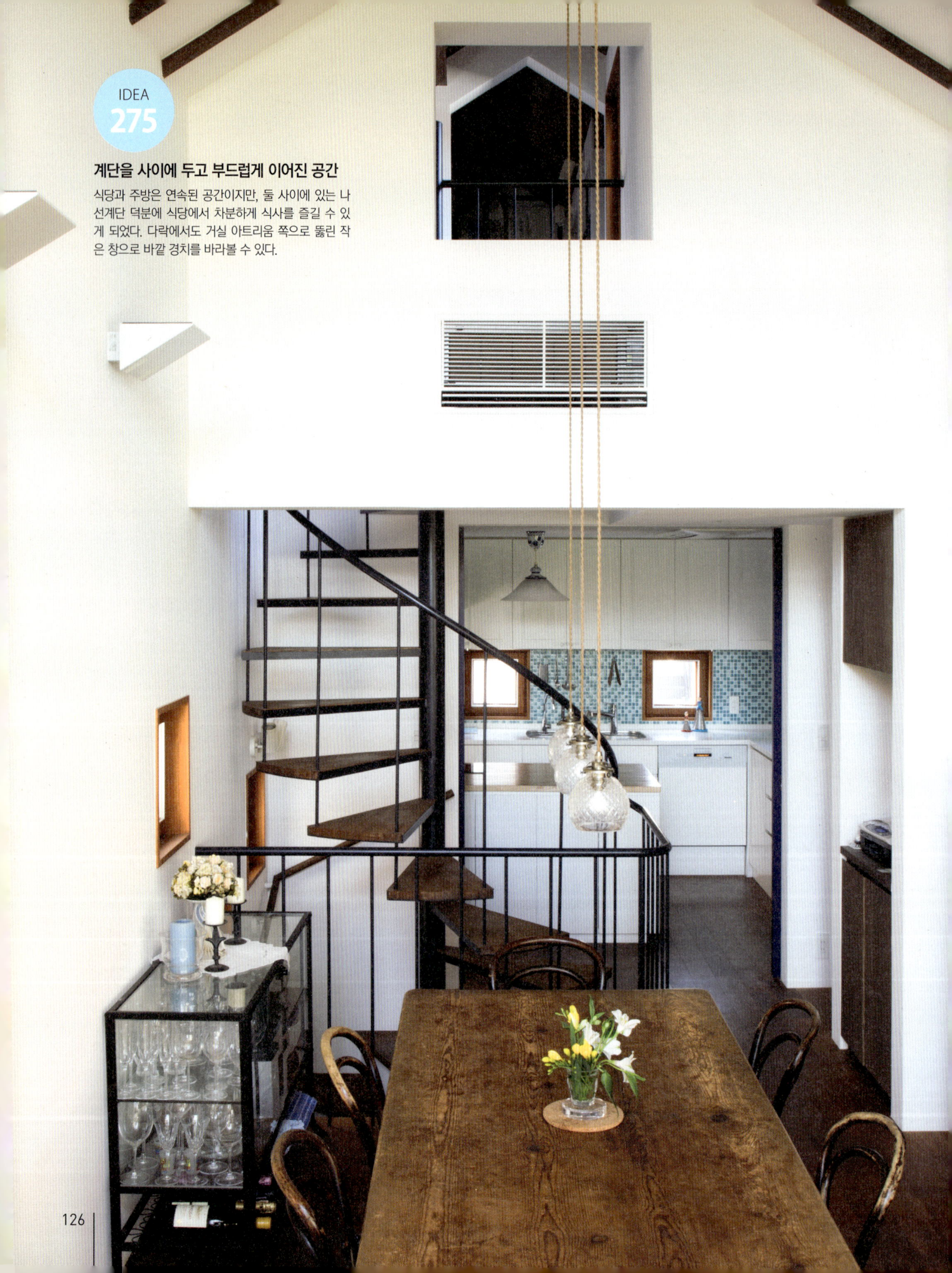

IDEA
275

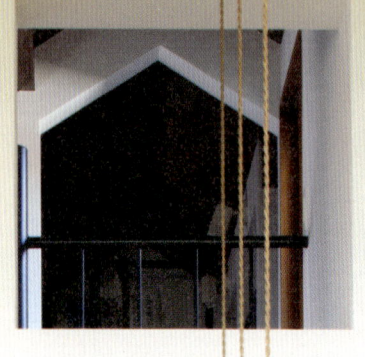

계단을 사이에 두고 부드럽게 이어진 공간

식당과 주방은 연속된 공간이지만, 둘 사이에 있는 나선계단 덕분에 식당에서 차분하게 식사를 즐길 수 있게 되었다. 다락에서도 거실 아트리움 쪽으로 뚫린 작은 창으로 바깥 경치를 바라볼 수 있다.

IDEA 276

모자이크 타일이 주방을 더욱 매력적으로

강한 색의 대비를 도입한 주방. 여기서는 싱크대 뒤에 모자이크 타일을 붙여서 가슴 설레는 색감과 질감을 표현했다. 또 조리도구를 거는 레일을 설치하여 미관과 편리함을 동시에 확보했다. 요리 교실에서는 많은 양의 설거지가 필요하므로, 용량이 큰 식기세척기를 설치했다.

IDEA 277

복도의 창으로도 녹음을 즐긴다

2층 한쪽의 복도. 자칫 어둡고 답답해지기 쉬운 곳이라서 끝부분에 자연광과 경치를 끌어들이는 창을 설치했다. 아프리카에서 생활할 때 사두었던 소품으로 빈 공간을 장식했다.

IDEA 278

사계절 내내 즐길 수 있는 기분 좋은 테라스

좁은 집에서 상당한 면적을 차지하는 테라스는 창을 활짝 열면 거실과 일체가 된다. 바로 앞에 벚나무가 있는 덕분에 봄의 꽃, 여름의 녹음, 가을의 낙엽 등 사계절의 변화를 만끽할 수 있다. 처마의 천장에는 실내와 똑같이 구조재가 노출된 디자인을 적용하여 거실, 식당과 실외공간의 연속성을 강화했다.

IDEA 279

장식을 위한 아기자기한 코너

부드러운 청록색으로 칠해진 주방 벽에는 장식을 위한 선반이 달려 있다. 선반은 해외에서 살 때 사 모은 소박한 소품들이 돋보이는 진한 밤색이다.

IDEA 280

포근하게 둘러싸인 느낌의 거실

식당과 이어진 거실은 선반과 낮은 천장으로 둘러싸인 차분한 공간이다. 칸막이 역할을 하는 주문제작 선반에는 TV와 오디오 기기가 수납되어 있다. "아이들이 소파에서 데굴거리는 모습이 식당에서 보이지 않으니 좋네요."라는 부인. 소파에서는 테라스 너머의 바깥 경치를 느긋하게 감상할 수 있다.

IDEA 282

IDEA 281

서재와 거실을 상하로 연결하는 통풍구

1층 서재의 천장에는 가구를 2층으로 반입하기 위해 만들었던 구멍이 그대로 남아 있다. 덕분에 2층의 햇빛이 격자를 통해 1층으로 전달되고, 상하층의 대화와 공기 순환도 원활하게 유지된다.

회유동선으로 모든 동작을 원활하게

1층의 방은 모두 작은 크기지만 방과 방 사이의 미닫이를 열면 모든 공간이 하나로 이어진다. 넓지 않아도 생활하기 편리한 구조다.

IDEA 283

가사 효율을 향상시키는 보조동선

세면·탈의실, 옷장, 침실로 이어지는 보조동선 덕분에 빨기, 말리기 → 안방에서 개기 → 옷장에 넣기까지 일련의 작업이 훨씬 수월해졌다.

IDEA 284

현관은 일부러 널찍하게

현관과 현관홀은 집의 규모에 비해 의도적으로 넓게 만들었다. 이런 곳에서 느껴지는 여유가 심리적인 여유로 이어지기 때문이다.

IDEA 285

소품까지 수납할 수 있는 우편함

현관문 옆에 달린 흰 상자의 하단은 우편함이다. 또 상단은 구둣주걱이나 신발 손질용품 등 자질구레한 물건을 보관하는 수납장이다.

IDEA 286

작은 창과 박공지붕의 형태로 친근함을

부부가 '어쩐지 매력적으로 보이는 외관'을 요청했으므로 길 쪽 벽에 작은 창을 만들었다. 이 창들은 박공지붕의 모양과 어우러져 친근한 느낌을 자아낸다.

건축가 정보

히코네 건축설계사무소

도쿄도 세타가야구 세이조 7-5-3
Tel : 03-5429-0333   Fax : 03-5429-0335
E-mail : aha@a-h-architects.com
URL : http://www.a-h-architects.com

건축가 프로필

•히코네 아키라
1962년생. 도쿄예술대학 건축과 졸업. 동대학 대학원 건축과 석사과정 수료. 이소자키 아라타 아틀리에를 거쳐 1990년에 히코네 건축설계사무소 설립.

건축 개요

소재지 도쿄 도
가족구성 부부 2명 + 자녀 2명
구조 및 규모 목조 2층

부지면적 96.1㎡ (29.19평)
바닥면적 115.6㎡ (35평)
1층 바닥면적 57.7㎡ (17.5평)
2층 바닥면적 54.6㎡ (16.5평)
다락 바닥면적 11.6㎡ (3.5평)
용도지역 제1종 저층주거 전용지역, 제1종 고도지구
건폐율 60%
용적률 150%
설계기간 2011년 11월 ~2012년 7월
공사기간 2012년 8월 ~ 2013년 4월
시공 와타나베 기건

마감 & 주요 설비

외부 마감
지붕 갈바륨 강판 세로이음
외벽 모노프랄(Monopral) 긁어내기 기법

내부 마감
식당
　바닥 티크 복합마루, 밀랍왁스
　벽 채프웰 도장
　천장 채프웰 도장, 노출 서까래 + 오일 스테인

주요 설비기기 제조사
주방가구 제작 현장 제작
욕실·화장실 토토(TOTO), 릭실(LIXIL)
　　　　　그로헤(GROHE), 티폼(T-form)
조명기구 엔도(ENDO), 야마기와(Yamagiwa)
　　　　　다이코(DAIKO), 에르코(ERCO)

나무와 회벽의 질감을 활용하여
빛의 변화를 즐기는 집

아이지 현 | 하뉴 씨의 집

건물구조 단독, 목조 단층
가족구성 부부 + 자녀 1명
부지면적 231.7㎡ (70.2평)
바닥면적 98.1㎡ (29.7평)
설   계 MDS 일급건축사사무소

사진 야마구치 고이치 | 글 미야자키 히로코

KEY WORD
단층 × 안뜰

빛이 넘치는 북쪽 거실

반사광으로 환한 북쪽 거실. 남편은 미장벽
의 질감에 특히 신경을 썼다. 좀 더 거칠어
도 되겠다 싶었지만 모리 씨와 가와무라 씨
가 이 정도가 좋다고 하시더라고요(웃음)."
완성된 모습에 크게 만족하는 모습이다.

IDEA
289

현대적 디자인의 시스템 주방

눈부신 빛이 쏟아지는 주방. 부인은 스테인리스의 시원한 느낌을 좋아해서 '토요키친 & 리빙'의 제품을 선택했다. 주방의 예리한 디자인에 어울리도록 사각형의 레인지후드를 제작 설치했다.

IDEA
288

앞날에 대비하여 아이 방은 넓게

아이 방이 식당·주방과 인접해 있어 소통이 원활하다. 큰 딸이 아직 어려서 방을 혼자 쓰고 있지만, 나중에 아이가 더 생기면 방을 둘로 나눌 수 있도록 입구를 양쪽에 만들었다.

IDEA
290

비스듬한 벽이 만들어낸 기분 좋은 공간

현관에서부터 거실, 식당 및 주방과 맞닿은 욕실과 아이방, 침실과 드레스룸도 벽을 비스듬하게 만들어 공간에 리듬감을 주었다.

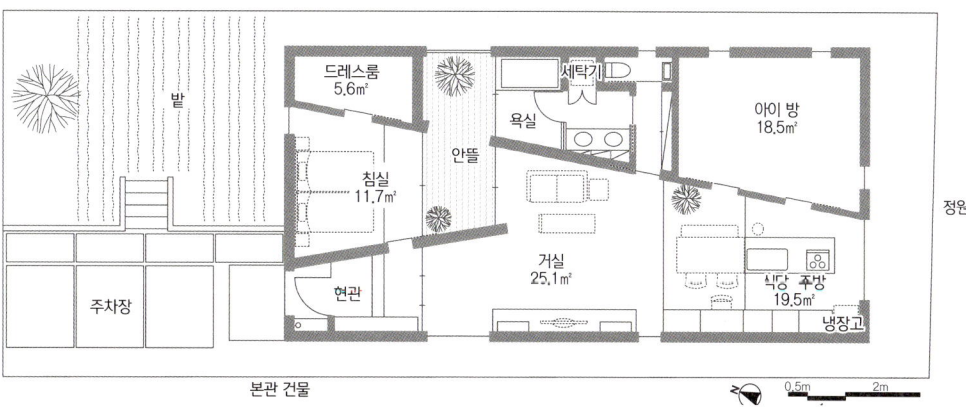

1F

드레스룸 5.6㎡ · 밭 · 안뜰 · 세탁기 · 욕실 · 아이 방 18.5㎡ · 침실 11.7㎡ · 거실 25.1㎡ · 정원 · 주차장 · 현관 · 식당 주방 19.5㎡ · 냉장고

본관 건물

0.5m   2m

**주방 뒤쪽에는 마음에 드는
잡화를 장식한다**

주방 뒤쪽에 가전에서 에어컨까지
깔끔하게 수납할 수 있는 대용량 수
납장을 설치했다. 컴퓨터 작업실을
겸하는 등 기능적인 면도 충실하지
만 선반에 아끼는 소품을 장식하며
부인이 편안히 쉴 수 있는 휴식공간
으로서도 활약하고 있다.

두 개의 벽과 바닥의 단차를 활용하여 풍부한 변화를

남북으로 긴 부지에 하뉴 씨 부부와 두 살배기 딸이 살 집이 새로 지어졌다. 결혼 이후 쭉 살았던 오피스텔을 떠나 부인의 친정인 서쪽 지역에 집을 짓기로 한 것이다.

설계할 때는 부인의 친정인 본관의 경치를 가리지 않도록 주의했다. 그래서 본관의 하늘 조망을 해치지 않기 위해 건물을 단층으로 설계했다.

부지가 남쪽으로 완만하게 기울어져 있기 때문에 그 지형에 맞추어 바닥 높이를 낮춘 스킵플로어 구조를 택했다. 특이하게도 이 집은 길쭉한 공간 속에 두 개의 벽이 비스듬한 방향으로 돌출되어 다양한 형태의 공간을 만들어낸다.

서쪽은 개구부를 최소한으로 줄이고 거실과 침실 사이에 안뜰을 배치함으로써 햇빛을 직접 받아들이도록 했다. "시시각각 다양한 빛이 들어와 집의 표정이 달라지는 것이 좋아요."라는 부인. 이 집에 살다 보니 꽃을 키우거나 좋아하는 소품을 장식하는 것이 점점 즐거워진다고 한다. 다양한 질감의 소재를 도입하여 변화무쌍한 빛의 표정을 즐기는 이 집에서 기쁨을 느낀다.

IDEA 292

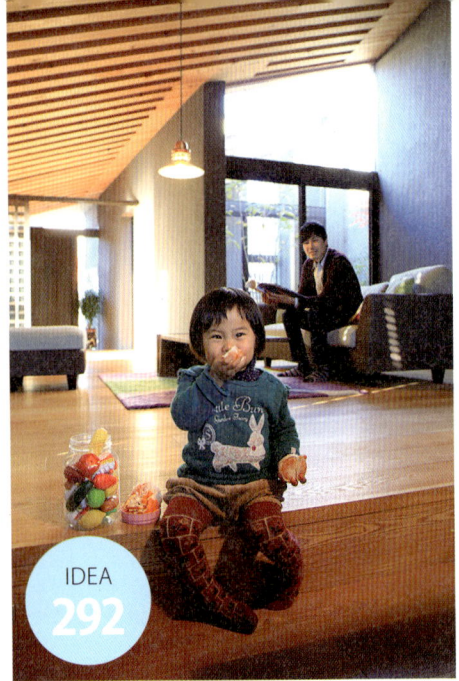

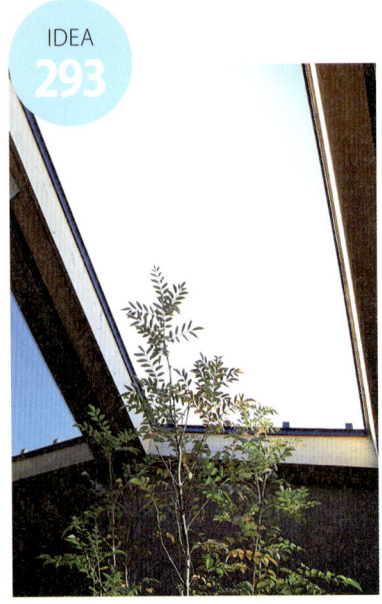

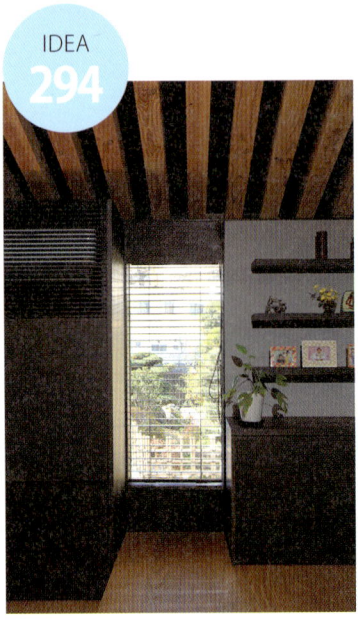

바닥의 단차가 공간을 부드럽게 구분한다

거실과 식당, 주방은 널찍한 원룸이다. 벤치 대용으로 쓰기 좋은 20cm의 단차가 이 하나의 공간을 거실과 식당, 주방으로 부드럽게 나눈다.

IDEA 293

상쾌한 자연을 실내로 끌어들이는 안뜰

안뜰에서 올려다보면 넓은 하늘과 바람이 모두 내 것이 된다. 푸른 하늘이 유리에 반사되는 모습을 바라보는 등 매일 상쾌한 자연을 체험할 수 있다.

IDEA 294

조심스럽게 서로의 기색을 살피는 개구부

식당과 거실 사이에 있는 길쭉한 슬릿 창으로는 본관의 정원이 보인다. 매일같이 왕래하고 있기는 하지만, 이 창으로 서로의 상황을 살피면서도 각 가정의 사생활을 존중할 수 있어서 마음이 편하다.

IDEA 295

빛과 그림자의 대비가 정연한 목재를 더욱 돋보이게 한다

거실 천장에 촘촘히 놓인 들보가 역동적인 힘을 느끼게 한다. 들보로는 길이 6m, 120cm×120cm의 미송을 사용했고, 그 사이에는 진한 갈색으로 칠하여 거친 나뭇결을 감춘 구조용 합판이 붙여졌다. 진한 색으로 그늘을 강조함으로써 빛이 들어왔을 때 구조재를 더 돋보이게 만들기 위해서다.

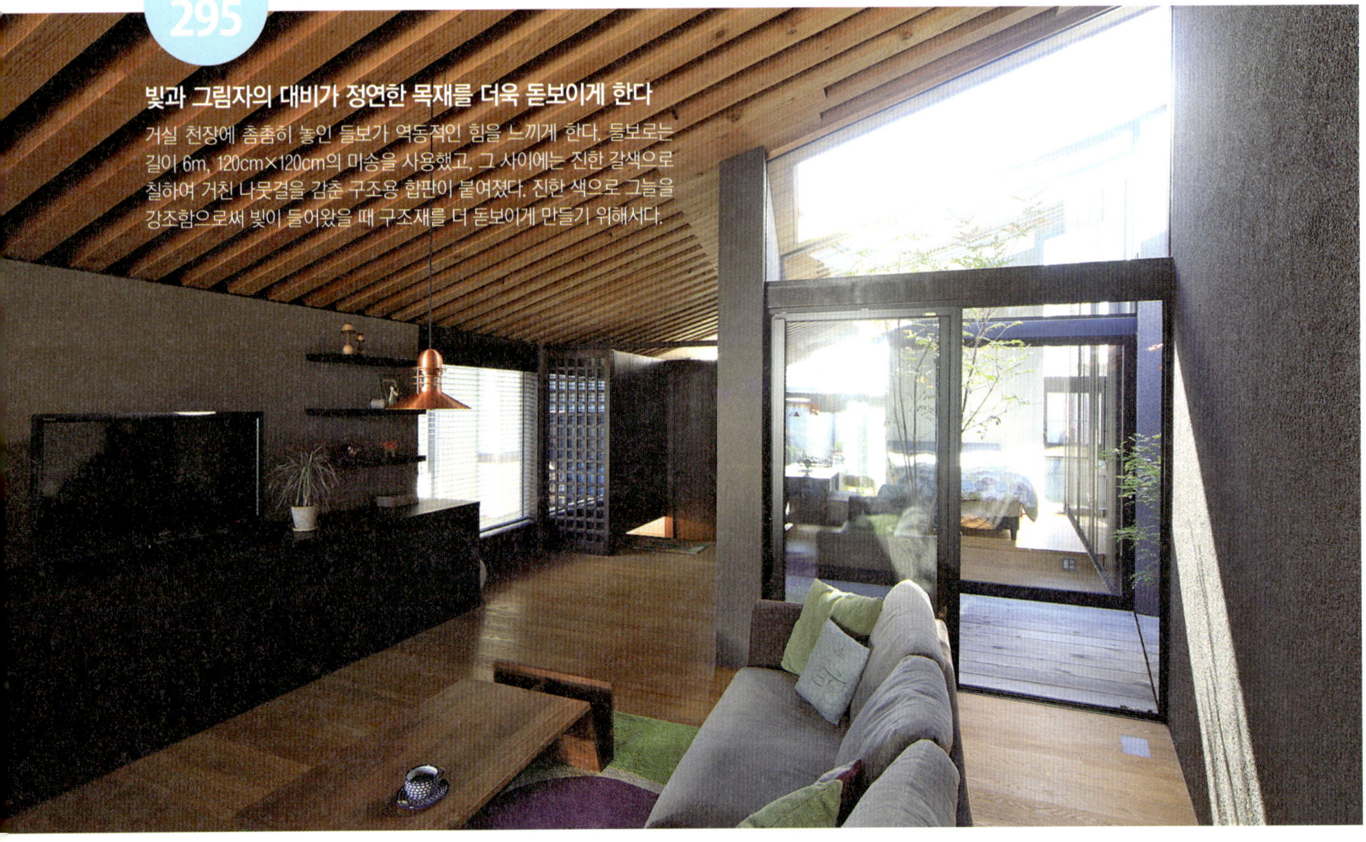

IDEA 296

낮과 밤의 상반된 분위기를 만끽한다

안뜰 쪽으로 큰 개구부를 낸 덕분에 욕실에는 늘 빛과 바람이 가득하다. "낮에도 좋지만 밤엔 더 좋아요. 욕조에 잠겨 있으면 거실의 간접조명이 침실 창에 비친 모습이 야경처럼 아름다워 보이거든요."라고 말하는 남편.

IDEA 297

정원의 나무가 돋보이는 새하얀 욕실

명도를 제한한 거실·주방·식당과는 정반대로, 세면실과 욕실에는 흰색이 주로 쓰였다. 여기서도 비스듬한 벽 덕분에 입구에서부터 공간이 점점 좁아지는 것을 느낄 수 있다. 주문제작한 세면대는 밑으로 세면기가 푹 꺼져 있는 타입이라 카운터가 평평해서 청소하기 편하다. 세면대가 두 개인 것도 대만족.

IDEA 298

밤에는 간접조명으로 분위기를 낸다

조명은 도쿄 스카이 트리를 디자인한 조명 디자이너 도쓰네 히로히토 씨가 설계했다. 들보의 가장자리에도 LED 램프를 설치하여 단정한 목제 공간을 아름답게 비추도록 했다.

IDEA 299

아이 방에는 다락을 만들 준비를

천장이 높아 널찍하게 느껴지는 아이 방. 지금은 남편의 음악 감상실로 활용되고 있다. 나중에 다락을 추가할 수 있도록 벽 상부에는 배선을 미리 매립해 두었다.

IDEA 300

하늘을 바라보며 쉴 수 있는 침실

실내의 벽과 똑같은 마감재를 안뜰에도 사용하여 실내외의 경계를 모호하게 만들었다. "침실에서 하늘이 보여서 기분이 좋아요."라는 부인. 통풍이 잘 되어 습기가 차지 않는 곳이다.

IDEA 301

평평해서 눈에 띄지 않는 수납장

화장실에는 창문을 달아 밝고 상쾌하게 만들었다. 또 천장 위에는 다락을 두어 수납공간으로 이용할 수 있게 했다. 오른쪽의 벽처럼 보이는 곳이 수납장이고, 왼쪽 문을 열면 세면실과 욕실이 나온다.

IDEA 302

현관에는 우산꽂이 전용 거치대

현관 포치에는 높이 올린 콘크리트 벽과 일체형으로 카운터를 만들어 우산 꽂이용으로 구멍을 냈다. 이곳은 열쇠를 열기 전 짐을 놓아둘 수도 있어 여러모로 편리하다.

IDEA
303

에너지 절감에 효과적인 현관 안의 격자문

현관에서 집 안이 훤히 들여다보이지 않게 해 달라는 부인의 요청에 따라 격자문을 설치했다. 상부가 뚫려 있지만 문 전체가 유리로 막혀 있어 여름에 냉방을 할 때 냉기 유출을 막아 준다.

IDEA
304

빛이 소재감을 강조한다

미장벽과 물푸레나무로 이루어진 마룻바닥에 블라인드를 통과한 빛과 그림자가 도달한다. 밝은 빛 덕분에 소재의 질감과 색감이 더욱 뚜렷해진다.

IDEA
305

주변 환경과 조화된 외관

외벽의 그슬린 삼나무 패널에서 수작업의 온기를 느낄 수 있다. "서쪽에 낮은 처마를 달아서 본관 쪽에서 여전히 하늘을 볼 수 있도록 했습니다."라는 모리 씨.

IDEA
306

삼나무 형틀을 이용한 철근콘크리트 가공

남편이 콘크리트의 질감을 좋아해서 외벽에도 콘크리트를 썼다. 단, 철근콘크리트에 삼나무 형틀로 나뭇결을 찍어서 그슬린 삼나무 패널과의 조화를 꾀했다.

건축가 정보

MDS 일급건축사사무소
도쿄도 미나토구 미나미아오야마 5-4-35-907
Tel : 03-5468-0825 Fax : 03-5468-0826
E-mail : info@mds-arch.com
URL : http://www.mds-arch.com

건축가 프로필

• **모리 기요토시**
시즈오카 현 출생. 다이세이 건설을 거쳐 2003년 MDS 공동 설립.

• **가와무라 나쓰코**
가나가와 현 출생. 다이세이 건설을 거쳐 2002년 MDS 공동 설립

건축 개요

소재지 아이지 현
가족구성 부부 + 자녀 1명
구조 및 규모 목조, 단층
부지면적 231.7m²(70.2평)
바닥면적 98.1m²(26.7평)
용도지역 준공업지역
건폐율 43.48%
용적률 42.35%
설계기간 2011년 5월 ~ 2011년 11월
공사기간 2011년 12월 ~ 2012년 5월
시공 오바라 목재
코디네이트 아키텍츠 스튜디오 재팬

마감 & 주요 설비

외부 마감
지붕 컬러 갈바륨 강판 기와가락이음
외벽 그슬린 삼나무 판재, 일부는 목탄이 혼합된 모르타르 위에 란덱스 코트 도포 졸리패트 고벽돌 가공

내부 마감
거실·주방·식당
바닥 물푸레나무 마루
벽 졸리패트 고벽돌 가공
천장 구조재 노출

주요 설비기기 제조사
주방기기 토요(TOYO) 키친 & 리빙, 미쓰비시 전기
위생기기 세라 트레이딩(CERA TRADING) 토토(TOTO), 다이요 금속, 릭실(LIXIL)
조명 기획 시리우스 라이팅 오피스
바닥난방 시스템 타푸(Tafu)

IDEA 307

지바 현 | T 씨의 집

건물구조	단독, 목조 2층
가족구성	부부 + 자녀 2명
부지면적	143.8㎡ (43.6평)
바닥면적	114.3㎡ (34.6평)
설 계	나오이 건축설계사무소

사진 다다 마사히로 | 글 마쓰바야시 히로미

KEY WORD
장작난로 × 아트리움

가족의 대화를 풍성하게 만드는
장작난로가 있는 집

천장 높이가 7m나 되는 아트리움이 느긋한
분위기를 자아내는 공간. 세로로 긴 창은
석양빛을 아름답게 보여주기 위한 장치다.
바닥은 졸참나무 원목마루, 장작난로 주변
은 타일로 마감했다.

IDEA 308

아트리움으로 공간을 연결하여 서로의 기색을 전달한다

1층은 거실·식당·주방, 방, 욕실, 주방으로 구성되어 있고, 2층은 사적인 공간으로 이루어져 있다. 이 집에서는 대부분의 공간이 아트리움에 면해 있기 때문에 다른 가족들의 기색을 살피기 쉽다. 앞으로 부모님과 동거할 것을 고려하여 방에는 미니 키친용 수도배관을 미리 매립해 놓았다.

옥상

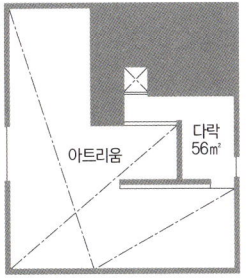

2F

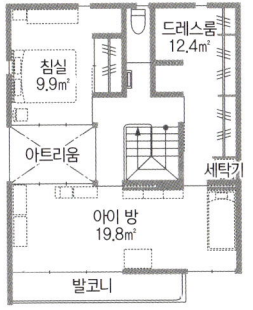

1F

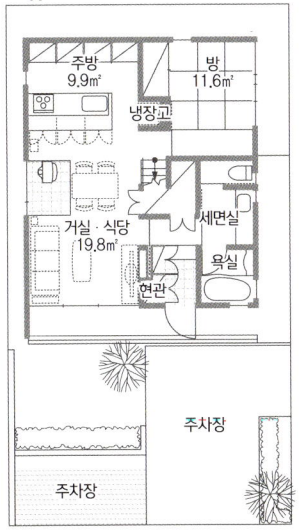

IDEA 309

굴뚝이 얼굴을 삐죽 내민 삼각 지붕

장작난로의 굴뚝이 삼각 지붕 위로 삐죽 튀어나온 모습. "아트리움과 굴뚝이 잘 어울려서 외관에도 그 특징을 살렸습니다."라는 나오이 씨. 길쭉한 창도 인상적이어서 심플하지만 개성 있는 모습을 보여준다.

IDEA 310

우리 집의 주인공은 멋진 장작난로

겨울에는 주로 덴마크제 장작난로 '모르소(Morso)'로 난방을 한다. 인테리어에 잘 어울리는 디자인이 마음에 들어 구입했지만, 흔들리는 불꽃을 보며 마음의 안정까지 덤으로 얻게 되다. 장작난로는 올리브오일을 발라 녹을 방지하는 작업이 반드시 필요하다.

부드러운 빛으로 가득한 내추럴 공간

아트리움의 세로로 긴 창과 남쪽의 큰 창으로 빛
을 듬뿍 받아들이는 거실과 주방. 단조로운 원룸
이지만 천장 높이를 달리하여 개방감과 편안함을
주었다. 색과 디자인을 심플하게 정돈한 이 공간
에서는 깔끔하면서도 따스한 분위기가 느껴진다.

아트리움으로 일체가 되어 서로를 살필 수 있는 집

아이가 초등학교에 입학한 뒤 집을 짓기로 결심한 T 씨. 아이들이 즐겁게 지낼 수 있는 집을 짓기 위해 건축가 나오
이 가쓰토시 씨와 나오이 노리코 씨에게 설계를 의뢰했다.

T 씨가 원한 것은 붉게 물든 노을이 아름답게 비치는, 장작난로가 있는 집이었다. 냉난방 기구에 너무 의존하지 않
고 자연의 빛과 불꽃 등을 마음껏 누리는 집을 만들어 달라고도 했다. 그래서 나오이 씨는 거실과 주방 중앙에 아트리
움을 만들고 거기에 세로로 긴 창을 배치하여 석양이 아름답게 비치도록 했다. 또 장작난로를 설치하여 집의 주요 난
방을 담당하게 했다.

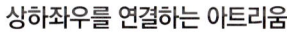

IDEA 312

상하좌우를 연결하는 아트리움

이 집의 대부분의 공간은 아트리움에 접해 있다. 높이가 7m나 되는 아트리움은 가족의 기색을 서로에게 전하고 공간에 개방감을 부여하는 장치다.

IDEA 313

편의성을 고려한 수납공간

우뚝 선 키친 카운터 내부에 조미료 등을 수납할 수 있다. 이 수납공간은 깊이가 20cm밖에 되지 않아 매우 편리하다. 주방 뒤쪽에도 벽면 수납장을 설치하여 식기와 가전제품 등을 보관하고 있다.

남쪽에도 빛을 듬뿍 끌어들이는 큰 창을 설치했다. "한겨울에도 해가 들어오는 낮에는 따뜻해서 난방을 거의 틀지 않아요. 그래서 장작난로의 온기만으로도 충분히 쾌적하게 지낼 수 있어요. 게다가 장작난로로 피자도 굽고 군고구마도 만들 수 있어서 아이들이 무척 좋아해요. 친구들을 불러서 간식을 만들어 줄 때도 많아요."라는 부인.

생활에 여유를 더하는 또 하나의 장치는 이웃 사람들에게 개방된 정원이다. 울타리를 군데군데 비워놓는 대신 그 자리에 식물을 풍성하게 배치하여 사생활을 지키면서도 동네 사람들과 오갈 수 있게 배려한 것이다. 새로운 집에서 사계절을 한 바퀴 경험한 T 씨. 잔디 손질과 장작 패기는 이제 남편의 즐거움이 되었다고 한다. "빛과 바람, 식물을 곁에 두고 살다 보니 새삼 하루하루를 더욱 소중히 해야겠다는 생각이 듭니다."라고 말한다.

집주인의 취향을 드러내는 장식선반

내추럴하게 꾸며진 현관. 현관문 상부에 유리를 끼워 넣고 장식 선반을 만들어 잡화를 장식했다. 집 안 분위기를 주변에 전달하고 싶어서 생각해 낸 나오이 씨의 아이디어다.

IDEA 314

IDEA 315

벽면에는 타일을 악센트로

한쪽 벽에는 모자이크 타일을 시공하여 개성 있는 주방을 완성했다. 주방에는 선웨이브의 시스템 주방을 설치해서 비용을 절감했다.

IDEA 316

수납과 동선 효율을 동시에 확보한 옷장

침실과 아이 방이 있는 2층에 가족 모두의 옷을 보관하는 옷장을 설치했다. 행거 파이프와 선반이 있는 간단한 옷장이지만 수납 공간은 충분하다. 그리고 그 옆에는 세탁기를 설치하여 세탁에 관련된 동선을 최소화했다.

계단 밑은 수납에 활용

계단 밑을 수납공간으로 만들었다. 그리고 시판되는 바퀴 달린 수납함을 이용했더니 아이의 책과 장난감을 넣고 빼기가 쉬워졌다. 여기에는 여행가방과 골프가방, 청소기 등도 수납되어 있다.

IDEA 317

IDEA 318

대용량 벽면 수납장으로 주방을 깔끔하게

잡다한 인상을 풍기기 쉬운 주방을 항상 깔끔히 유지하기 위해 벽면에 대용량 수납장을 설치했다. 식기와 가전제품, 식재 등 다양한 물건을 한데 수납할 수 있어 편리하다.

IDEA 319

장래를 대비한 유연한 구조

초등 4학년과 1학년인 두 아들은 현재 큰 방을 같이 쓰고 있지만 나중에 필요해지면 방을 둘로 분리할 계획이다. 오랫동안 편리하게 살기 위해서는 유연한 설계가 필요하다.

적당한 거리감을 유지하게 하는 실내 창호

아이 방에서 아트리움을 통해 침실을 바라본 모습. 모든 방의 아트리움 쪽 벽에는 목제 미닫이가 설치되어 있다. 문을 열고 닫음으로써 적당한 거리감을 유지하기 위해서다.

채광 효과와 더불어
가족 사이를 이어주는 아트리움

7m 높이의 아트리움은 빛과 개방감을 확보하는 동시에 여러 공간을 하나로 연결한다. 사진 오른쪽은 침실, 왼쪽은 아이 방이다. 아트리움은 1층까지도 하나로 연결한다.

즐거움을 가져다주는 자연 속 생활

나무를 심을 곳은 나오이 씨가 설계했지만 나무의 종류는 T 씨가 직접 골라서 비용을 절감하는 동시에 선택의 즐거움을 누렸다. 널찍한 정원 한쪽에는 장작 둘 곳을 만들었다.

쉬는 공간은 차분하게

삼각 지붕의 형태가 그대로 드러나는 침실. 자그마한 창이 차분한 분위기를 자아낸다. 이 방에서 자면 심플한 색과 디자인 덕분에 피로가 확 풀리는 기분이다.

울타리의 식물을 거리와 공유한다

사생활을 유지하기 위한 울타리지만, 일부러 하단을 비워서 주위 사람들과의 소통을 꾀했다. 여기에 다양한 식물을 심어서 식물의 싱그러움을 주변과 함께 나눈다.

사생활은 지키고 기척만 전달하는 울타리

나무 울타리의 높이는 160cm 정도. 외부 시선을 차단하면서도 거주자의 기척만 전달할 수 있는 절묘한 높이다. 외벽은 아이보리색으로 칠해서 건물이 거리와 어울리도록 했다.

건축가 정보

나오이 건축설계사무소
도쿄도 지요다구 간다 스루가다이 3-1-9 2층 A
Tel : 03-6273-7967　Fax : 03-6273-7968
E-mail : contact@naoi-a.com
URL : http://www.naoi-a.com

건축가 프로필

• 나오이 가쓰토시 + 나오이 노리코
1973년 & 1972년생. 함께 설계사무소 근무를 거쳐 2001년 나오이 건축설계사무소를 공동 설립.

건축 개요

소재지 지바 현
가족구성 부부 + 자녀 2명
구조 및 규모 재래공법, 목조, 지상 2층
부지면적 143.8㎡(43.6평)
바닥면적 114.3㎡(34.6평)
1층 바닥면적 59.6㎡(18.1평)
2층 바닥면적 54.7㎡(16.6평)
용도지역 제1종 저층주거 전용지역
건폐율 50%
용적률 100%
설계기간 2011년 7월 ~ 2011년 12월
공사기간 2012년 1월 ~ 2012년 7월
시공 ㈜다이사쿠

마감 & 주요 설비

외부 마감
지붕 갈바륨 도장강판 세로이음 곡면가공
외벽 래스커트 + 모르타스 + 탄성리신 분사

내부 마감
거실·식당 바닥 졸참나무 원목마루, 일부 자기타일
　　　　벽, 천장 규조토 벽지
주방 바닥 졸참나무 원목마루
　　벽 규조토 벽지, 일부 모자이크 타일
　　천장 규조토 벽지

주요 설비기기 제조사
주방기기 선웨이브(SUNWAVE)
욕실, 위생기기 이낙스(INAX), 산와컴퍼니
조명기구 엔도(ENDO), 루이스 폴센(Louis poulsen)

집 짓기에 도움이 되는 인기 숍 가이드

가구

공부 책상부터 시스템 주방까지 편리한 생활을 제안한다

수입 가구부터 오리지널 제작가구, 잡화와 패브릭, 시스템 주방에 이르기까지 다양한 구색을 갖춘 곳. 여기서 주택에 관한 모든 것을 해결할 수 있다.

ACTUS(악터스) 신주쿠점
도쿄도 신주쿠구 신주쿠 2-19-1 BYGS 빌딩 1~2층
03-3350-6011 / 11:00~20:00 / 비정기 휴무
http://actus-interiro.com/

가구에서 예술품, 식물 등을 총망라하여 풍성한 라이프스타일을 제안하는 곳

3층짜리 플래그십 스토어. 가구와 잡화가 다양하게 전시된 공간에서 이데의 세계관을 엿볼 수 있다. 리폼 상담도 접수 중.

IDÉE(이데) 지유가오카점
도쿄도 메구로구 지유가오카 2-16-29
03-5701-7555 / 11:30~20:00(토·일은 11:00 오픈)
연말연시 휴무 / http://www.idee.co.jp

오리지널 가구와 구제 가구, 주문제작 가구까지

오리지널 가구뿐만 아니라 인기 있는 북유럽 구제 가구와 잡화까지 취급한다. 주문제작과 리폼 상담도 가능하다.

Karf(카프) 메구로점
도쿄도 메구로구 메구로 3-10-11
03-5721-3931 / 11:00~19:00 / 수요일 휴무
http://karf.co.jp

거실, 식당, 침실에서 폭넓게 쓸 수 있는 고품질 아이템

'일본의 미의식'을 콘셉트로, 오리지널 가구와 식탁용품, 패브릭, 예술품 등의 인테리어 아이템을 테마 별로 전시했다.

TIME & STYLE (타임 앤 스타일) 미드타운
도쿄도 미나토구 아카사카 9-7-4 도쿄 미드타운 갤러리아 3층
03-5413-3501 / 11:00~21:00 / 비정기 휴무
http://www.timeandstyle.com

해외 구매에서 유지보수까지 미국 빈티지 가구의 모든 것

1940~1970년대 미국의 구제 가구를 독특한 세계관에 기초하여 엄선했다. 미국 서해안 등지에서 사들인 상품을 전문 장인이 관리하고 있다.

ACME Furniture 지유가오카점
도쿄도 메구로구 지유가오카 2-17-7 1층
03-5731-9715 / 11:00~20:00 / 비정기 휴무
http://acme.co.jp/version

인테리어 애호가라면 놓칠 수 없는 디자이너 가구 전문점

해외에서 도착한 최신 디자이너 가구에서부터 역사에 길이 남을 명작 가구까지 모두 취급한다. 갤러리와 같은 이상적인 집을 구상하기에 최적의 공간.

hhstyle.com 아오야마 본점
도쿄도 미나토구 기타아오야마 2-7-15 NTT 아오야마 빌딩 에스코르테 아오야마
03-5772-1112 / 12:00~20:00 / 연말연시 휴무
http://hhstyle.com

동경하던 명작 의자를 체험할 수 있는 전시관

Y체어를 비롯한 수많은 명작 가구를 디자인한 한스 J. 웨그너(Hans J. Wegner) 의 디자인 전시장이다. 명작 의자에도 직접 앉아 볼 수 있다.

Carl Hansen & Son 플래그십 스토어
도쿄도 시부야구 진구마에 2-5-10 아오야마 아트웍스 1~2층
03-5413-5421 / 11:00~20:00[토·일·공휴일 12:00~19:00]
비정기 휴무 / http://www.carlhansen.jp

많은 열성 팬을 거느린 브랜드의 소재감이 돋보이는 디자인

고가구와 잘 어울리는 심플한 디자인을 적용하고 나무, 가죽, 철 등 소재의 질감을 잘 살린 오리지널 가구를 취급한다. 카페 'Bird'도 인기.

TRUCK(트럭)
오사카시 아사히구 신모리 6-8-48
06-6958-7055 / 11:00~19:00 / 화요일, 첫째·셋째 수요일 휴무
http://truck-furniture.co.jp

대리석의 심플한 공간 안에 이탈리아 모던 가구가 전시된 곳

널찍한 매장에는 알플렉스(Arflex)를 비롯한 5개 브랜드의 이탈리아 모던 가구가 주제별로 전시되어 있다. 수리 등 유지보수 서비스도 알차다.

ARFLEX SHOP 도쿄점
도쿄도 시부야구 히로오 1-1-40 에비스프라임스퀘어 1층
03-3486-8899 / 11:00~19:00 / 수요일 휴무
http://www.arflex.co.jp

이탈리아 모던 가구로 꿈에 그리던 심플한 공간을 지향한다

이탈리아 모던 가구의 대표 브랜드 카시나(Cassina)의 정식 수입대리점. 세계인의 사랑을 받는 명작 가구가 전시공간의 격을 한층 높인다.

Cassina ixc.(카시나 익스씨) 아오야마 본점
도쿄도 미나토구 미나미아오야마 2-12-14 유니메트 아오야마 빌딩 1~3층
03-5474-9001 / 11:00~19:30 / 비정기 휴무
http://www.cassina-ixc.jp

믿을 만한 안목으로 상품을 엄선하여 제공하는 편집숍

영국 디자이너 테렌스 콘랜(Terence Conran)이 전 세계에서 선별한 아이템과 오리지널 상품을 판매한다. 기능과 디자인을 겸비한 상품이 가득하니 꼭 한번 들러보기 바란다.

THE CONRAN SHOP(더 콘랜 숍) 신주쿠 본점
도쿄도 신주쿠구 니시신주쿠 3-7-1 신주쿠파크타워 3~4층
03-5322-6600 / 11:00~19:00 / 수요일 휴무(공휴일 제외)
http://www.conran.co.jp

주문제작 가구와 오리지널 가구, 가구 리폼 서비스도 제공

가구 주문제작의 20년 역사를 바탕으로, 오래 쓸 수 있는 오리지널 가구를 제작·판매한다. 구제 가구가 전시된 산뜻한 매장도 꼭 들러보자.

FILE(파일)
도쿄도 메구로구 나카정 1-6-12 1층
03-3716-9111 / 11:00~19:00 / 수·목 휴무
http://www.file-g.com

소품

소재를 만져보고 직접 사용해 볼 수 있는
체험형 전시장

타일과 돌, 원목마루 등 건재에서부터 수도꼭지와 세면대 등의 설비까지, 집 짓기에 필요한 모든 아이템을 갖춘 전시장.

ADVAN(에드반) 도쿄 전시장
도쿄도 시부야구 진구마에 4-32-14
03-3475-0194 / 10:00~18:00(일요일은 예약제) / 연말연시·공휴일·여름성수기 휴무 / http://showroom.advan.co.jp

고풍스러운 창호, 금속, 건재,
부품이 있는 쇼룸

고재, 낡은 창호, 왁스, 도료, 오리지널 금속 부품, 고가구 등 운치 있는 건재나 부품이 필요한 사람은 꼭 들러보자. 가구 주문제작도 가능하다.

GALLUP NAKAMEGURO 쇼룸
도쿄도 메구로구 아오바다이 3-18-9
03-5428-5567 / 10:00~19:00 / 연말연시 휴무
http://www.thegallup.com

온 집을 물들이는
알록달록한 색상의 타일

내·외장타일, 바닥 타일 외에도 주택을 아름답게 완성할 모자이크 타일과 랜턴 모양 타일 등이 준비되어 있다. 전시장은 일본 전역에 총 8곳이다.

NAGOYA MOSAIC(나고야 모자이크) 도쿄 전시장
도쿄도 시부야구 요요기 1번지 21-8호
03-5350-3111 / 10:00~17:00 / 공휴일 휴무
http://www.nagoya-mosaic.co.jp

공간에 마침표를 찍는
다양한 부속품과 생활용품

자연스럽고 세련된 부속품과 생활 잡화를 다양하게 취급하는 곳. 문손잡이, 조명 등도 판매하니 공간에 약간의 위트를 더하고 싶을 때 들러 보기 좋은 곳.

P.F.S PARTS CENTER
도쿄도 시부야구 에비스미나미 1-17-5
03-3719-8935 / 11:00~20:00 / 화요일 휴무
http://pfservice.co.jp

최신 유행 타일을 둘러볼 수 있는
타일 전문 전시장

뛰어난 디자인의 타일 브랜드 'Hi Ceramics'와 핸드메이드 컬렉션인 'BISCUIT' 등 전 세계에서 모은 타일이 전시되어 있다.

HIRATA TILE(히라타 타일) 오사카 전시장
THE SHOP BISCUIT(비스킷)
오사카시 니시구 야와자 1-1-10
06-6532-1280 / 10:00~17:00 / 수요일·공휴일·연말연시 휴무
http://www.hiratatile.co.jp

명작에서 최신 디자인까지
디자이너 조명을 한꺼번에 둘러볼 수 있는 곳

국내·외의 유명 디자이너가 디자인한 명작부터 최신 제품까지, 디자인과 기능을 겸비한 조명들이 다양하게 갖춰져 있다. 탁 트인 공간에서 빛의 다양한 표정을 감상해보자.

FLOS SPACE(플로스 스페이스)
도쿄도 미나토구 히가시아자부 1-23-5 PMC 빌딩 8층
03-3582-1468 / 11:00~17:00 / 토·일·공휴일 휴무(완전 예약제) / http://japan.flos.com

벽

공간의 인상을 확 바꾸고 싶을 때
안성맞춤, 독특한 벽지가 가득한 곳

해외 최신 유행 벽지를 다양하게 취급한다. 상품 구성이 충실하기로 정평이 나 있어서 재고가 있으면 그 자리에서 구입할 수도 있다. 노배 교실 능노 개죄한나.

WALPA(월파) 도쿄
도쿄도 시부야구 에비스니시 1-17-2 샤르만코포에비스 1층 101호
03-6416-3410 / 11:00~19:00 / 비정기 휴무
http://walpa.jp

페인팅부터 배색 컨설팅까지
알찬 서비스를 받을 수 있는 곳

영국 'FARROW & BALL' 사의 수성도료와 벽지, 그리고 1,488색의 오리지널 수성도료인 'Hip' 등을 판매한다. 바르기만 하면 칠판저럼 글씨를 쓸 수 있는 도료도 여기서 살 수 있다.

COLORWORKS(컬러웍스) 쇼룸
도쿄도 지요다구 히가시칸다 1-14-2 팔레트빌딩
03-3864-0820 / 10:00~18:00 / 일요일·공휴일 휴무
http://www.colorworks.co.jp

벽에 가볍게 페인트를 칠하고 싶게 만드는
수성도료의 풍부한 색감과 질감

다양한 질감의 상품을 취급하는 수성도료 '포터스 페인트'. 자연에 어울리는 288색의 엄선된 색상 외에 오리지널 색상도 조합할 수 있나. 배수 워크숍노 개죄한나.

PORTER'S PAINTS(포터스 페인트)
가나가와현 가와사키시 다카쓰구 시모사쿠노베
044-379-3736 / 10:00~17:00 / 수·일·공휴일 휴무
http://porters-paints.com

정원용품

오리지널 정원 용품 등
테라스와 정원에 관한 아이디어가 가득한 곳

정원수, 관엽식물부터 화분, 정원용품까지 테라스와 정원에 관한 모든 품목을 취급한다. 외부 식재, 관엽식물, 다육식물 등 다양한 식물과 화분 및 잡화 등 다양한 상품을 둘러보자.

SOLSO FARM(솔소 팜)
가나가와현 가와사키시 미야마에구 노가카 3414
044-740-3770 / 10:00~17:00 / 토·일·공휴일만 영업
http://solso.jp, http://solsofarm.com

도시 생활에 여유를 더해주는
화분 전문 화원

시부야의 중심가에 작은 숲처럼 자리 잡은 화원. 일본 주택에 잘 어울리는 작은 화분을 중심으로, 인테리어에 어울리는 다양한 화분을 취급한다.

NEO GREEN(네오 그린) 시부야
도쿄도 시부야구 가미야마정 1-5 그린힐즈 가미야마 1층
03-3467-0788 / 12:00~20:00 / 연말연시 휴무
http://neogreen.co.jp

감각적인 디자인으로
우리 집 정원도 변신

새 단장 이후 재개장한 가드닝 디자인 사무소. 소장 우메즈 씨의 디자인과 오리지널 화분을 좋아하는 사람도 많다.

YARD(야드)
가나가와현 미에군 하야마정 시타야마구치 1848-6
046-845-9939 / 9:00~19:00 / 일요일·공휴일 휴무
http://www.yard-landscape.net

내 집이 확 바뀌는 인테리어 아이디어

홈 스타일 인테리어 325

1판 1쇄 | 2017년 11월 30일
지 은 이 | X-Knowledge
옮 긴 이 | 노 경 아
발 행 인 | 김 인 태
발 행 처 | 삼호미디어
등   록 | 1993년 10월 12일 제21-494호
주   소 | 서울특별시 서초구 강남대로 545-21 거림빌딩 4층
           www.samhomedia.com
전   화 | (02)544-9456(영업부) / (02)544-9457(편집기획부)
팩   스 | (02)512-3593

ISBN 978-89-7849-563-9 (13590)

이 도서의 국립중앙도서관 출판예정도서목록(CIP)은
서지정보유통지원시스템 홈페이지(http://seoji.nl.go.kr)와
국가자료공동목록시스템(http://www.nl.go.kr/kolisnet)에서 이용하실 수 있습니다.
CIP제어번호 : CIP2017028904